NOUVEAU TRAITÉ D'ARITHMÉTIQUE

A l'usage des Instituteurs,

Par J.-J. Gourdin,

RÉGENT DE MATHÉMATIQUES, MEMBRE DE LA SOCIÉTÉ D'ÉMULATION DE CAMBRAI.

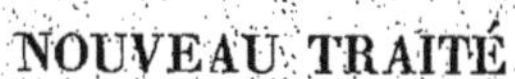

Seconde Edition.

VALENCIENNES,
IMPRIMERIE DE A. PRIGNET, RUE DE MONS.
1834.

Vous avez d
un catalogue tr
tres et fluviales

M. *Baudrim*
ayant pour ob
le groupement
corps. Il vou
travail. Vous
terminât heure

Le même v
le Choléra-mo
voyé par l'aute

V

On a agité d
voir s'il ne ser
sur les brevêts
commission, j
dèlement tout
pour et contre
d'avis que ce
adressé vos vo
députés, par
votre corresp

M. *Dumesn*
adopté, a rép
sel, que vous
nière à ne lais
supprimer, au
vernement le
uniquement su

TRAITÉ D'ARITHMÉTIQUE

A l'usage des Instituteurs,

Par J.-J. Gourdin,

Régent de Mathématiques, Membre de la Société d'Emulation de Cambrai.

Seconde Edition.

VALENCIENNES,

IMPRIMERIE DE A. PRIGNET, RUE DE MONS.

1834.

Arithmétique.

PREMIÈRE PARTIE.

1. On appelle *quantité* tout ce qui est susceptible d'augmentation et de diminution; mais l'*Arithmétique* ne considère que les quantités exprimées en nombres.

2. L'*Arithmétique* est donc la science des nombres.

3. Un *nombre* est la réunion de plusieurs choses semblables; chacune des choses qui le composent est appelée *unité*. Par exemple, douze hommes est un nombre, et un homme est l'unité.

4. Un nombre qui ne contient que des unités entières s'appelle NOMBRE ENTIER, comme *quatre*, *quinze*, etc.; un nombre qui contient des unités et des parties de l'unité, s'appelle NOMBRE FRACTIONNAIRE, comme *cinq* et *demi*, *dix-huit trois quarts*, etc.; un nombre qui ne contient que des parties de l'unité, s'appelle FRACTION, comme *deux tiers*, *trois quarts*, etc.

5. Un nombre énoncé sans désignation d'espèces d'unités, s'appelle NOMBRE ABSTRAIT, comme *cinq* ou *cinq fois*, *dix* ou *dix fois;* un nombre énoncé avec désignation d'espèces d'unités s'appelle NOMBRE CONCRET, comme *cinq toises*, *quatre mètres*, etc.

6. Un nombre qui ne contient qu'une espèce d'unité, s'appelle NOMBRE INCOMPLEXE, comme *huit livres*, *quatorze toises*, etc.; un nombre qui contient plusieurs espèces d'unités qui sont des parties égales les unes des autres, s'appelle NOMBRE COMPLEXE, comme *huit livres douze sous quatre deniers*, *quinze pieds sept pouces neuf lignes*, etc.

Numération.

7. La *Numération* est l'art d'écrire et de lire les caractères qui représentent les nombres.

Les caractères dont on se sert en arithmétique sont :

0	1	2	3	4	5	6	7	8	9
zéro	un	deux	trois	quatre	cinq	six	sept	huit	neuf

8. Le zéro n'a point de valeur par lui-même; il sert à fixer l'ordre et la valeur des chiffres.

Système de Numération.

9. Afin de pouvoir représenter tous les nombres, au moyen des dix caractères qu'on a adoptés, on a formé plusieurs espèces d'unités; savoir : des unités du premier ordre, des unités du second ordre, du troisième ordre, etc.

On a donné aux unités du second ordre une valeur dix fois plus grande qu'aux unités du premier ordre; aux unités du troisième ordre, une valeur dix fois plus grande qu'aux unités du second ordre, et cent fois plus grande qu'aux unités du premier ordre; aux unités du quatrième ordre, une valeur dix fois plus grande qu'aux unités du troisième ordre, et mille fois plus grande qu'aux unités de premier ordre; et ainsi de suite, en donnant toujours à l'ordre du degré supérieur une valeur dix fois plus grande qu'à l'ordre immédiatement inférieur.

Ce système adopté, il fallait encore pouvoir reconnaître les différens ordres des unités; un nombre d'unités du second ordre ne pouvait pas s'écrire de la même manière qu'un nombre d'unités du premier ordre: pour en faire la distinction, on a fait usage du zéro, et l'on est convenu que tout chiffre exprimant des unités du second ordre, aurait un zéro à sa droite; que tout chiffre exprimant des unités du troisième ordre, en aurait deux; que tout chiffre exprimant des unités du quatrième ordre, en aurait trois, et ainsi de suite.

D'après ce système, les chiffres **1**, **2**, **3**, **4**. . . **9** représentent des unités du premier ordre; les chiffres **10**, **20**, **30**, **40**. . . . . . **90**, des unités du second ordre; les chiffres **100**, **200**, **300**. . . . . . **900**, des unités du troisième ordre, etc.

Veut-on maintenant représenter par un seul

nombre des unités de différens ordres ? il suffira de supprimer les zéro des unités supérieures aux unités du premier ordre, et de placer les chiffres significatifs de cette manière : les unités du second ordre à la gauche des unités du premier ordre, les unités du troisième ordre à la gauche des unités du second ordre ; les unités du quatrième ordre à la gauche des unités du troisième ordre, etc. Ainsi, pour écrire, en un seul nombre, **8** unités du premier ordre, **6** unités du second ordre, **7** unités du troisième ordre et **3** unités du quatrième ordre, au lieu d'écrire **8**, **60**, **700**, **3000** ou **3000**, **700**, **60**, **8**, on écrit **3768**. Et si l'on voulait écrire en un seul nombre **8** unités du troisième ordre et **7** unités du premier ordre, on devrait écrire **807**, en mettant un zéro à la place des unités du second ordre qui manquent (8).

10. Les unités du premier ordre ont le nom d'*unités simples ;* les unités du second ordre s'appellent *dixaines ;* celles du troisième ordre *centaines ;* celles du quatrième ordre *mille,* etc. ; comme on le voit ici :

dixaines de billions	billions	centaines de millions	dixaines de millions	millions	centaines de mille	dixaines de mille	mille	centaines d'unités	dixaines d'unités	unités
4	**8**	**7**	**3**	**5**	**6**	**4**	**5**	**8**	**7**	**6**

11. Il suit de ce que nous venons de dire sur la numération, que dix unités font une dixaine ; dix dixaines une centaine ; dix centaines un mille ; dix mille une dixaine de mille ; dix dixaines de mille une centaine de mille, dix centaines de mille un million ; etc.

12. Les unités simples ou du premier ordre s'expriment, comme nous l'avons vu (7), par ces mots : un, deux, trois, quatre, cinq, six, sept, huit, neuf. Les dixaines ou unités de second ordre s'expriment par ces mots : dix, vingt, trente, quarante, cinquante, soixante, soixante et dix ou septante, quatre-vingts ou octante, quatre-vingt-dix ou nonante.

Si les dixaines sont jointes à des unités, voici comment on les énonce : une dixaine et une unité se prononcent onze ; une dixaine et deux unités se prononcent douze ; une dixaine et trois unités treize ; une dixaine et quatre unités quatorze ; une dixaine et cinq unités quinze ; une dixaine et six unités seize ; puis l'on dit dix-sept, dix-huit, dix-neuf.

Deux dixaines et une unité se prononcent vingt et un ; deux dixaines et deux unités, vingt-deux et jusqu'à vingt-neuf.

Arrivé à la troisième dixaine, on prononce trente et un, trente-deux, trente-trois, etc. jusqu'à trente-neuf ; et pareillement pour les autres dixaines que l'on compte jusqu'à *nonante-neuf*.

Les centaines ou unités du troisième ordre ne prennent point d'autre nom que centaines ; mais on en exprime le nombre par les unités simples, c'est-à-dire que l'on prononce cent, deux cents, trois cents, etc. jusqu'à neuf cents.

Il en est de même des mille, ils n'ont point d'autre nom que mille ; mais l'on compte mille, deux mille, trois mille, etc. jusqu'à neuf cent nonante-neuf mille.

Puis viennent les millions que l'on compte aussi depuis un million jusqu'à neuf cent nonante-neuf millions, et ainsi du reste.

13. Pour lire ou pour énoncer une quantité de chiffres aussi grande qu'elle puisse être, il faut la partager en tranches de trois chiffres chacune. La première tranche est la tranche des unités ; elle est composée d'unités simples, de dixaines d'unités et de centaines d'unités : la seconde tranche est la tranche des mille ; elle est composée d'unités de mille, de dixaines de mille et de centaines de mille : la troisième tranche est la tranche des millions ; elle est composée d'unités de millions, de dixaines de millions et de centaines de millions, etc., comme on le voit ici :

trillions.	billions.	millions.	mille.	unités.
34,	384,	376,	343,	276

Cela fait, on énonce la quantité en commençant par la gauche, ce qui donne trente-quatre trillions, trois cent quatre-vingt quatre billions, trois cent septante-six millions, trois cent quarante-trois mille, deux cent septante-six unités.

Opérations.

14. Il y a en arithmétique quatre opérations fondamentales, qui sont : l'addition, la soustraction, la multiplication et la division.

Chacune de ces opérations a un signe qui lui est consacré : le signe de l'addition est $+$, qu'on prononce *plus ;* le signe de la soustraction est $-$, qu'on prononce *moins ;* le signe de la multiplication est $\times$, qu'on prononce *multiplié par ;* le signe de la division est $-$(*), qu'on prononce *divisé par.* Il y a un cinquième signe qu'on emploie dans les quatre opérations, c'est le signe d'égalité $=$, qu'on prononce *égal à.*

De l'Addition.

15. L'addition est une opération par laquelle on ajoute plusieurs nombres ensemble pour n'en faire qu'un seul, qu'on appelle *somme.*

Pour faire cette opération, il faut placer les nombres que l'on veut ajouter les uns sous les autres, de manière que les chiffres de même degré se correspondent, c'est-à-dire que les unités soient placées sous les unités ; les dixaines sous

---

(*) Le signe de la soustraction est le même que celui de la division ; mais on peut les reconnaître lorsqu'ils sont avec les nombres. En effet, le signe de la soustraction se place entre deux nombres, de manière que l'un est à droite et l'autre à gauche ; tandis que le signe de la division se place entre deux nombres, de manière que l'un est au-dessus et l'autre au-dessous.

les dixaines; les centaines sous les centaines, etc. On tire un trait sous les quantités ainsi disposées et l'on fait la somme des unités.

Si cette somme ne renferme que des unités simples, on pose le chiffre qui en exprime le nombre sous la colonne des unités; mais si la somme renferme des dixaines et des unités, on ne pose sous la première colonne que le chiffre représentant les unités, et l'on considère comme faisant partie de la seconde colonne, le chiffre exprimant des dixaines.

Enfin, si la somme de la colonne des unités n'exprime que des dixaines et point d'unités, il faut poser zéro sous la colonne des unités, et considérer le chiffre exprimant des dixaines comme fesant partie de la colonne suivante.

De la colonne des unités, on passe à la colonne des dixaines; on en fait la somme, en y ajoutant les dixaines que renfermait la colonne des unités.

Si cette somme ne renferme que des dixaines, on pose le chiffre qui en exprime le nombre sous la colonne des dixaines; si la somme renferme des centaines et des dixaines, on pose le chiffre des dixaines sous la colonne des dixaines, et l'on porte le chiffre exprimant des centaines dans la troisième colonne; et ainsi de suite pour les autres colonnes de degrés supérieurs.

Exemples.

53276	980432	875204
12348	342786	42552
8726	76872	55273
84328	862156	154598
158678	2262246	1105427

EXPLICATION DU PREMIER EXEMPLE.

Après avoir placé les quantités comme il vient d'être dit, je fais la somme des unités, je trouve **28** = **2** dixaines et **8** unités. Je pose **8** unités et reporte **2** dixaines à la colonne des dixaines. Je fais la somme de la colonne des dixaines, elle est **17** = **1** centaine et **7** dixaines. Je pose **7** dixaines et reporte **1** centaine à la colonne qui lui appartient. Je fais la somme de la troisième colonne, je trouve **16** = **1** mille et **6** centaines. Je pose **6** centaines et reporte **1** mille à sa colonne. Je fais la somme des mille, j'ai **18**. Je pose **8** et reporte une dixaine de mille à sa colonne. Je fais la somme des dixaines de mille, je trouve **15** que je porte tout entier.

De la Soustraction.

16. La soustraction est une opération par laquelle on ôte un nombre d'un autre : le résultat est appelé *reste* ou *différence*.

Pour faire cette opération, il faut ôter chaque chiffre du plus petit nombre de celui qui lui correspond dans le plus grand ; c'est-à-dire qu'il faut ôter les unités des unités, les dixaines des dixaines, etc., en marquant les restes à mesure qu'on les trouve.

17. Il arrive souvent qu'un des chiffres de la plus grande quantité est plus petit que le chiffre qui lui correspond dans la plus petite ; ou qu'un chiffre de la plus grande quantité est un zéro, tandis que le chiffre correspondant est significatif. Dans ces deux cas on détache une unité du chiffre qui précède le chiffre insuffisant, on réduit cette unité en unité dix fois plus petites, on ajoute ces unités au chiffre insuffisant, et ce chiffre, d'abord trop petit, étant augmenté de dix, devient assez grand pour que la soustraction puisse se faire.

Il faut dans cette soustraction se rappeler que le chiffre sur lequel on a pris une unité diminue de cette unité.

Exemples.

584326	685268
318538	273427
265788	409841

EXPLICATION DU PREMIER EXEMPLE.

De **6** unités j'en ôte **8**, cela ne se peut. Je détache une dixaine du chiffre à gauche de **6**, laquelle vaut **10** unités, que j'ajoute au nombre **6**, ce qui fait **16**; alors je dis : de **16** j'ôte **8**, reste **8**.

Je passe aux dixaines, en me rappelant que le chiffre **2** des dixaines de la quantité supérieure ne vaut plus que 1 (17); et je dis de une dixaine j'en ôte 3, cela ne se peut; je prends une centaine sur le 3 que je réduis en dixaines et que j'ajoute à 1, j'ai 11; cela fait, je dis de 11 dixaines j'ôte 3, reste 8; je pose 8.

Je passe aux centaines, et je dis : de 2 j'en ôte 5, cela ne se peut; je prends un mille sur le chiffre 4, lequel vaut 10 centaines, et 2 font 12; de 12 j'ôte 5, reste 7; je pose 7.

Ensuite je dis : de 3 mille j'en ôte 8, cela ne se peut; mais de 13 mille j'ôte 8, reste 5.

De 7 dixaines de mille j'en ôte une, reste 6; et enfin de 5 centaines de mille j'en ôte 3, reste 2.

La différence entre 584326 et 318538 est donc 265788.

18. La plus grande difficulté qui puisse se rencontrer dans la soustraction, c'est quand la plus grande des deux quantités est suivie de plusieurs zéro, tandis que tous les chiffres de la plus petite sont significatifs. Un exemple suffira pour faire disparaître tout ce qu'il y a de difficile dans cette opération.

Soit proposé d'ôter 5487 de 8000.

OPÉRATION.

	8000
	5487
Reste.....	2513

EXPLICATION. De zéro unité j'ôte 7, cela ne se peut. Je remarque que les dixaines et les centaines n'ayant aucune valeur, puisqu'elles sont représentées par des zéro, je dois aller prendre une unité sur les mille ; mais un mille vaut **9** centaines, **9** dixaines et **10** unités : donc le zéro des centaines vaut **9**, celui des dixaines vaut **9** et celui des unités **10**.

Ainsi, dans cette sorte de soustraction, le zéro des unités vaut toujours **10**; tous les autres valent **9**, et le chiffre qui se présente immédiatement après les zéro diminue d'une unité.

Preuve de l'Addition.

19. Pour s'assurer de l'exactitude d'une addition, il faut, après avoir trouvé le résultat, ajouter une seconde fois toutes les mêmes quantités, à l'exception d'une seule, n'importe laquelle; ôter le second résultat du premier, le reste doit être égal à la quantité qui a été négligée dans la seconde opération.

OPÉRATION.

	58324
	68176
	17134
	2764
	30482
	7649
	25040
1er résultat. .	209569
2e résultat. .	206805
Preuve. . .	2764

Ayant trouvé **209569** pour somme, j'ajoute une seconde fois toutes les mêmes quantités, à l'exception de **2764**, je trouve **206805**. J'ôte le second résultat du premier; il reste **2764**; ce qui confirme l'exactitude de l'opération.

DEMONSTRATION. Il est évident que les deux résultats seraient égaux, si toutes les quantités qui entrent dans le premier, entraient aussi dans le second : or, la quantité **2764** entre seulement dans l'un et pas dans l'autre : donc la différence entre les deux résultats doit être égale à cette quantité.

Preuve de la Soustraction.

20. La preuve de la soustraction est fondée sur ce principe : Si à la plus petite des deux quantités données, on ajoute leur différence, on aura la plus grande.

Soit, par exemple, **12** et **9**, dont la différence est **3**, on aura nécessairement **9 + 3 = 12**. Il en est de même à l'égard de tout autre nombre ; le plus petit augmenté de la différence donnera le plus grand.

OPÉRATION.

	540632
	289816
Différence. .	**250816**
Preuve. . . .	**540632.**

Multiplication.

21. L'addition prend le nom de multiplication lorsque les nombres à ajouter sont égaux ; mais alors l'opération se fait différemment : au lieu de placer les nombres les uns sous les autres pour en faire la somme (**15**), on répète les unités, les dixaines, les centaines, etc., de l'un de ces nombres, autant de fois qu'il y en a à ajouter.

Si l'on avait, par exemple, le nombre **3458** à ajouter six fois, on parviendrait au résultat demandé, en répétant six fois les unités, six fois les dixaines, six fois les centaines et six fois les mille.

22. La multiplication est donc une opération par laquelle on répète un nombre autant de fois qu'il y a d'unités dans un autre.

Le nombre que l'on multiplie s'appelle *multiplicande*, celui qui multiplie s'appelle *multiplicateur*, et le résultat s'appelle *produit*.

OPÉRATION.

Multiplicande	**3458**
Multiplicateur	**6**
Produit	**20748**

EXPLICATION. Je pose premièrement le nombre **3458** ; je pose au-dessous celui qui indique combien ce nombre doit être ajouté à lui-même, et je commence l'opération comme il suit :

6 fois 8 font 48 ; je pose 8 unités et retiens 4 dixaines ; 6 fois 5 font 30 et 4 de retenue font 34, je pose 4 dixaines et retiens 3 centaines ; 6 fois 4 font 24 et 3 de retenue font 27, je pose 7 centaines et retiens 2 mille ; 6 fois 3 font 18 et 2 de retenue font 20, je pose 20.

Le résultat de cette opération est donc 20748, le même qu'on aurait obtenu par l'addition.

23. Dans ce premier exemple de multiplication, le multiplicateur est du premier ordre ; mais il pourrait être d'un ordre supérieur ou composé de plusieurs ordres.

1° S'il est du second ordre, il faut multiplier le multiplicande par le chiffre significatif du multiplicateur et ajouter un zéro à la droite du produit ; 2° S'il est du troisième ordre, il faut multiplier comme il vient d'être dit, et ajouter deux zéro à la droite du produit. Ainsi, pour multiplier 354 par 60, je multiplie par 6 et j'ajoute un zéro, ce qui me donne 21240 ; pour multiplier 354 par 600, je multiplie par 6, j'ajoute deux zéro et j'ai 212400.

Il suit de là que pour multiplier un nombre par 10, il suffit d'ajouter un zéro à sa droite ; pour multiplier par 100, il faut en ajouter deux ; pour mille trois, etc.

Proposons maintenant de multiplier 4876 par 234.

Je multiplie tout le multiplicande par les unités du multiplicateur, et je trouve **19504** pour premier produit.

Je multiplie tout le multiplicande par les dixaines du multiplicateur, et j'ai **146280** pour second produit.

Je multiplie par les centaines du multiplicateur, et j'ai **975200** pour troisième produit. Je fais la somme de ces trois produits partiels, et j'obtiens **1140984** pour produit total.

OPÉRATION.

```
   4876
    234
-------
  19504
 146280
 975200
-------
1140984
```

24. Remarquons que l'on peut se dispenser de mettre des zéro à la droite des produits du 2ᵉ ordre, du 3ᵉ ordre, etc., lorsqu'on a soin de placer les produits les uns sous les autres, de manière que le premier chiffre du produit des dixaines se trouve sous le second chiffre du produit des unités; que le premier chiffre du produit des centaines se trouve sous le second chiffre du produit des dixaines, ou sous le troisième chiffre du produit des unités; que le premier chiffre du produit des mille se trouve sous le second chiffre du produit des centaines, ou sous le troisième chiffre du produit des dixaines, ou sous le quatrième chiffre du produit des unités ; car chaque chiffre doit se trouver dans la colonne de l'ordre auquel il appartient.

AUTRE OPÉRATION.

```
   4864
    506
-------
  29184
 14592
-------
1488384
```

EXPLICATION. Le zéro n'ayant aucune valeur par lui-même (8), ne peut former aucun produit réel : donc, il est inutile d'essayer la multiplication par ce zéro, car on aurait une suite de zéro qui ne signifieraient rien. C'est pourquoi, après avoir multiplié le multiplicande par les unités du multiplicateur, on doit multiplier de suite par les centaines, ayant soin, comme on vient de le faire remarquer, de placer le premier chiffre de ce produit sous le troisième chiffre du produit des unités.

25. Lorsque le multiplicande ou le multiplicateur ou tous deux sont suivis de plusieurs zéro, on peut abréger l'opération en faisant la multiplication sans avoir égard aux zéro ; mais on doit les ajouter à la droite du produit. Ainsi, si l'on avait **8400** à multiplier par **3000**, on multiplierait **84** par **3** : le produit viendrait **252**, auquel il faudrait ajouter cinq zéro; ce qui donnerait **25200000** pour le produit demandé.

DEMONSTRATION. En négligeant les zéro du multiplicande et du multiplicateur, le multiplicande devient cent fois plus petit, et le multiplicateur mille fois plus petit : donc le produit de ces deux nombres ainsi réduits se trouve être cent mille fois trop petit, et il faut le rendre cent mille fois plus grand ; ce qu'on obtient, en ajoutant cinq zéro à la droite du produit de 84 par 3.

Il résulte donc des exemples ci-dessus, qu'un produit total est formé d'autant de produits partiels que le multiplicateur a de chiffres significatifs.

D'après la définition de la multiplication (22), un produit quelconque contient l'un de ses facteurs autant de fois qu'il y a d'unités dans l'autre.

26. Le multiplicande et le multiplicateur sont aussi appelés les facteurs ou les racines du produit.

27. Dans toute multiplication, on peut faire du multiplicande le multiplicateur, et réciproquement.

Soit proposé de multiplier 4 par 3, je dis qu'on aura le même résultat que si l'on multipliait 3 par 4. En effet, si nous décomposons le multiplicande et le multiplicateur en unités, nous aurons $1+1+1+1$ à multiplier par $1+1+1$, ce qui donnera l'opération suivante :

$$
\begin{array}{r}
1+1+1+1 \text{ multiplicande.} \\
1+1+1 \text{ mutiplicateur.} \\
\hline
\end{array}
$$

$$
\left.\begin{array}{l}
1+1+1+1 = 4 \\
1+1+1+1 = 4 \\
1+1+1+1 = 4
\end{array}\right\} = 4\times 3.
$$

$$
\overline{3+3+3+3\ldots\ldots = 3\times 4.}
$$

EXPLICATION. Ayant multiplié le multiplicande trois fois par 1, l'addition peut se faire de deux manières; soit en additionnant horisontalement, ce qui donnera $4+4+4=4\times 3$; soit en additionnant verticalement, ce qui donnera $3+3+3+3=3\times 4$. Mais le nombre d'unités doit être le même, quelque soit la manière de les additionner: donc $4\times 3=3\times 4$.

28. La multiplication sert: ou à trouver la valeur de plusieurs choses, connaissant la valeur d'une seule; ou à trouver la valeur d'une seule chose, connaissant la valeur de plusieurs.

1er CAS. Que l'on propose, par exemple, de trouver le prix de 148 mètres d'étoffe à raison de 12 francs le mètre. Cette question, où l'on cherche la valeur de plusieurs choses, connaissant la valeur d'une seule, doit se résoudre par la multiplication. En effet, le mètre coûtant 12 francs, 148 mètres coûteront 148 fois 12 francs: il faut donc multiplier 12 par 148 ou 148 par 12.

2e CAS. 8 ouvriers ont mis 5 jours pour exécuter un ouvrage : quel tems faudrait-il à un seul ouvrier pour exécuter le même ouvrage?

Cette question, où l'on cherche la valeur d'une seule chose, connaissant la valeur de plusieurs, doit encore être résolue par la multiplication. En effet, puisqu'il faut 5 jours à 8 ouvriers pour faire un ouvrage, il faudra 8 fois plus de tems à un seul ouvrier : donc, il faudra 8 fois 5 jours, ou 5×8.

Dans la première question, il faut remarquer que plus il y a de choses, et plus on doit obtenir au résultat, et réciproquement, moins il y aura de choses, et moins on en obtiendra.

Dans la seconde, au contraire, moins il y a de choses et plus on obtient, et réciproquement, plus il y aurait de choses et moins on obtiendrait.

La première de ces questions est dite *directe*, parce que l'on raisonne du *plus* au *plus* ou du *moins* au *moins*. La seconde est dite *indirecte* ou *inverse*, parce que l'on raisonne du *plus* au *moins* ou du *moins* au *plus*.

Tableau de Multiplication.

	fois	font
2	2	4
2	3	6
2	4	8
2	5	10
2	6	12
2	7	14
2	8	16
2	9	18
2	10	20
3	3	9
3	4	12
3	5	15
3	6	18
3	7	21
3	8	24
3	9	27
3	10	30

	fois	font
4	4	16
4	5	20
4	6	24
4	7	28
4	8	32
4	9	36
4	10	40
5	5	25
5	6	30
5	7	35
5	8	40
5	9	45
5	10	50
6	6	36
6	7	42
6	8	48
6	9	54
6	10	60

	fois	font
7	7	49
7	8	56
7	9	63
7	10	70
8	8	64
8	9	72
8	10	80
9	9	81
9	10	90
10	10	100

De la Division.

29. La division est une opération par laquelle on décompose un nombre en plusieurs parties égales : si l'on décompose 18 en 6+6+6, l'opération par laquelle on est parvenu à trouver les parties séparées de ce nombre, est une division.

Pour décomposer un nombre en plusieurs parties égales, il faut chercher combien le nombre proposé contient de fois le nombre qui marque combien on veut avoir de parties égales.

Si l'on veut décomposer 48 en six parties égales, il faut chercher combien de fois 48 contient 6. On trouve 8 fois : donc 8 est une des parties demandées.

30. D'après cette manière de décomposer ou de diviser un nombre, on peut donc aussi définir la division, une opération par laquelle on cherche combien de fois un nombre en contient un autre.

Le terme qui doit être divisé s'appelle *dividende*, celui qui divise est appelé *diviseur*, et le résultat de l'opération s'appelle *quotient*.

31. L'unité ne pouvant diviser, il s'ensuit que la plus petite division que l'on puisse faire en nombre entier, est la division par deux.

Pour diviser un nombre par deux, il suffit d'en prendre la moitié ; pour le diviser par trois, il faut en prendre le tiers ; par quatre, le quart ; par cinq, le cinquième, etc.

DIVISION PAR 2.

Dividende 36432	2 diviseur.
	18216 quotient.

EXPLICATION. Je commence l'opération par les unités du plus haut degré, en disant : la moitié de trois dixaines de mille est une dixaine de mille, je pose 1 au quotient ; mais il reste une dixaine de mille ; je la réduis en mille, je l'ajoute avec 6 mille, ce qui fait 16 ; je prends la moitié de 16, et j'ai 8, que je pose au quotient, à la droite du chiffre trouvé. Cela fait, je prends la moitié de 4 centaines, qui est 2 ; je pose 2 au quotient, et toujours à la droite du chiffre trouvé précédemment. Je prends la moitié de 3 dixaines, qui est 1 ; je pose 1 au quotient, et je réduis le reste en unités ; j'y ajoute 2 unités ; je prends la moitié de 12, qui est 6, et je pose 6 au quotient ; l'opération se trouve terminée, et donne 18216 pour l'une des parties demandées.

DIVISION PAR 3.

36432	3
	12144

EXPLICATION. Le tiers de trois dixaines de mille est une dixaine de mille, je pose 1 au quotient. Le tiers de 6 mille est 2 mille, je pose 2 au quotient. Le tiers de 4 centaines est 1, reste 1 ; je pose 1 au quotient, et je réduis le reste en dixaines ; j'y ajoute 3 dixaines, je prends le tiers de ce nombre, et j'ai 4, que je pose au quotient; mais il reste 1 dixaine qui vaut 10 unités, et 2 font 12, dont le tiers est 4; je pose 4. Ainsi 36432 divisé par 3 donne 12144.

Ces deux exemples doivent suffire pour faire voir comment on divise un nombre entier par un diviseur du premier ordre; mais lorsque ce diviseur est d'un ordre supérieur, la division devient plus difficile, et on emploie à cet effet une méthode particulière et dont je ferai usage. Auparavant je m'arrêterai sur la division d'un nombre entier par 10, 100, 1000, etc., qui est la plus facile.

En effet, veut-on diviser un nombre entier par 10? Si ce nombre est suivi d'un zéro, il suffit de supprimer ce zéro; les chiffres restants sont le quotient. Mais si le nombre n'est pas suivi d'un zéro, on retranche le premier chiffre vers la droite, les chiffres restants expriment le quotient, et le chiffre retranché est considéré comme le reste de la division.

Ainsi, 6430 divisé par 10 donne 643 pour quotient; 6438 divisé par 10 donne 643 pour quotient et 8 de reste.

DEMONSTRATION. Qu'on se rappelle ce qui a été dit n° 9, on verra que la suppression du zéro dans la quantité 6430 rend chaque chiffre dix fois plus petit, et cette quantité se trouve par conséquent divisée par 10.

Il en est de même pour la quantité 6438. Le

chiffre retranché fait que les dixaines deviennent des unités, les centaines des dixaines, les mille des centaines; et le chiffre retranché ne vaudrait plus, si l'on voulait en connaître la valeur, que le dixième de ce qu'il valait auparavant.

Il suit donc de cette démonstration, que pour diviser un nombre par **100**, il faut effacer deux zéro ou retrancher deux chiffres vers la droite; pour diviser par mille, il faut effacer trois zéro ou retrancher trois chiffres.

32. Soit proposé maintenant de diviser **86432** par **84**.

Dividende	86432	84 diviseur.
Produit de 84 par 1	84	1028 quotient.
Reste	245	
Produit de 84 par 2	168	
Reste	752	
Produit de 84 par 8	672	
Reste	80	

EXPLICATION. Je prends sur la gauche du dividende autant de chiffres qu'il y en a au diviseur. Je cherche combien le diviseur est contenu en **86** mille; je trouve **1**, c'est-à-dire **1** mille. Je pose **1** au quotient, je multiplie le diviseur par ce quotient, je porte le produit sous les deux chiffres du dividende qui viennent de faire partie de la première division partielle, j'en fais la soustraction, et je trouve **2** pour reste.

A côté du reste trouvé, j'abaisse le chiffre 4, ce qui fait 24; je cherche combien le diviseur y est contenu, la réponse est zéro : je pose zéro au quotient.

A côté de 24 que l'on doit regarder comme reste, j'abaisse le chiffre 3 du dividende; ce qui donne 243. Je cherche combien le diviseur est contenu en ce nombre, et je trouve 2; car si je mettais 1, le produit de 84 par 1 étant retranché de 243 donnerait 159 de reste, nombre renfermant encore le diviseur 84 : donc 1 est trop petit. Mais, si je mets 3 au quotient, le produit 252 de 84 par 3, étant plus grand que 243, fait voir que ce nombre est trop grand : donc 2 est le véritable quotient.

Je multiplie 84 par 2, je porte le produit sous le dividende 243, je fais la soustraction et je trouve 75 pour reste.

A côté de ce reste, j'abaisse le dernier chiffre 2 du dividende, ce qui fait 752. Je cherche combien le diviseur est contenu en ce nombre, je trouve 8; car, si je mettais tout autre nombre plus petit que 8, le produit du diviseur par ce nombre étant retranché du dividende 752, donnerait toujours un reste plus grand que le diviseur 84; et si je mettais au quotient un nombre plus grand que 8, le produit de ce nombre par le diviseur serait plus grand que le dividende 752 : donc 8 est le vrai quotient.

Je multiplie 84 par 8, je retranche le produit

672 de 752, et je trouve 80 pour reste. Ainsi le quotient de 86432, par 84 est 1028 avec 80 de reste.

AUTRE EXEMPLE.

Dividende 186252	84 diviseur.
168	2217 quotient.
182	
168	
145	
84	
592	
588	
4	

EXPLICATION. Le diviseur ayant deux chiffres, je devrais en considérer deux au dividende pour la première division partielle ; mais, dans cet exemple, les deux premiers chiffres du dividende sont moindre que le diviseur, ce qui fait que cette première division ne peut avoir lieu ; il faut donc, dans cette circonstance, prendre un chiffre de plus sur le dividende.

Ainsi, ne pouvant dire en 18 combien de fois 84, je dis en 186 combien de fois 84 ; je trouve 2 que je pose au quotient ; je multiplie et je soustrais ; je trouve un reste, à côté duquel j'abaisse un chiffre du dividende total, et je continue l'opération comme on le voit ci-dessus.

REMARQUE.

33. On peut abréger la division, en se dispensant d'écrire sous le dividende le produit du diviseur par le quotient pour en faire la soustraction. Il faut pour cela que la soustraction se fasse à mesure que l'on multiplie par le quotient chaque chiffre du diviseur.

Suivons à cet effet l'opération ci-dessous.

4846475	832
6864	5825
2087	
4235	
75	

EXPLICATION. Je cherche en 4846 combien de fois 832; je trouve 5 que je place au quotient; je multiplie 832 par ce quotient, en disant: 5 fois 2 font 10, et 10 hors de 6, cela ne se peut; mais hors de 16 (en prenant une unité sur le 4 qui précède, pour rendre la soustraction possible), reste 6.

En multipliant les dixaines du diviseur, je dis 5 fois 3 font 15; 15 hors de 3, cela ne se peut; mais hors de 23 (en prenant deux unités sur le chiffre qui précède, ce qui diminue ce chiffre de deux unités), reste 8.

En multipliant les centaines, je dis: 5 fois 8 font 40; 40 hors de 46, reste 6.

J'abaisse un chiffre à côté du reste, et je me demande, en 6864 combien de fois 832, je trouve 8 que je pose au quotient; je multiplie les unités du diviseur, en disant : 8 fois 2 font 16 ; 16 hors de 4, cela ne se peut ; mais hors de 24 reste 8.

En multipliant les dixaines, je dis : 8 fois 3 font 24 ; 24 hors de 4, cela ne se peut ; mais hors de 24, reste 0.

En multipliant les centaines je dis : 8 fois 8 font 64 ; 64 hors de 66 reste 2.

J'abaisse le chiffre 7 à côté du reste, je cherche en 2087 combien de fois 832, et je trouve 2.

En multipliant les unités, 2 fois 2 font 4 ; 4 hors de 7, reste 3.

En multipliant les dixaines, 2 fois 3 font 6 ; 6 hors de 8, reste 2.

En multipliant les centaines, 2 fois 8 font 16 ; 16 hors de 20 ; reste 4.

J'abaisse un chiffre à côté du reste, je cherche en 4235 combien de fois 832, et je trouve 5. Je multiplie les unités. 5 fois 2 font 10 ; 10 hors de 15, reste 5.

En multipliant les dixaines, 5 fois 3 font 15 ; 15 hors de 22 reste 7.

En multipliant les centaines, 5 fois 8 font 40 ; 40 hors de 40 reste 0.

34. Au lieu de diminuer d'une ou de plusieurs unités le chiffre sur lequel on a emprunté, il vaut mieux, pour la pratique, lui laisser sa valeur et augmenter d'une ou de plusieurs unités le produit qui doit être retranché de ce nombre, ce qui revient au même.

Je reprends donc l'opération précédente.

Ayant trouvé 5 pour quotient, je dis : 5 fois 2 font 10; 10 hors de 16, reste 6; je pose 6 sous le dividende et retiens 1; puis 5 fois 3 font 15 et 1 de retenue font 16; 16 hors de 24, reste 8; je pose 8, et retiens 2 : enfin, 5 fois 8 font 40 et 2 de retenue 42; 42 hors de 48 reste 6, je pose 6.

A côté du reste trouvé, je descends le chiffre suivant, et je continue l'opération comme je viens de l'indiquer.

35. On voit, par ce qui précède, que la méthode dont on se sert pour diviser un nombre par un autre, consiste à chercher combien de fois le diviseur se trouve contenu dans les parties dont le dividende est composé; c'est-à-dire, combien de fois dans les mille (ou autres degrés plus haut), combien de fois dans les centaines, dans les dixaines et dans les unités, en faisant par parties ce qu'on ne pourrait faire en total.

Pour pratiquer cette méthode, il faut 1° prendre sur le dividende autant de chiffres qu'il y en a au diviseur, pour en faire la première partie de la division; 2° chercher combien le diviseur est contenu dans ce dividende, et poser au quotient le chiffre qui en exprime le nombre; 3° multiplier ce chiffre ou quotient par le diviseur et retrancher le produit du premier dividende partiel; 4° abaisser un chiffre du dividende total à côté du reste, et continuer la division jusqu'à ce qu'on ait descendu le dernier chiffre du dividende total.

Mais, si dans le cours de l'opération, après qu'on a descendu un chiffre, le dividende est plus petit que le diviseur, il faut avoir soin de mettre zéro au quotient, avant de descendre le chiffre suivant du dividende total.

Cette particularité peut même se présenter dès le commencement de l'opération; c'est-à-dire qu'en prenant autant de chiffres au dividende qu'il y en a au diviseur, le dividende peut être moindre que le diviseur: dans cette supposition, il ne faut pas mettre zéro au quotient, mais il faut prendre sur le dividende, pour faire la première division partielle, un chiffre de plus qu'il n'y en a au diviseur.

Il faut encore observer, 1° que le produit du diviseur par le chiffre que l'on place au quotient soit moindre que le nombre pris pour dividende partiel, ou égal à ce nombre; car, sans cela, la soustraction ne serait pas possible : 2° Que le reste de chaque soustraction soit moindre que le diviseur; car, si le contraire avait lieu, le reste contiendrait encore le diviseur, et le quotient devrait être augmenté.

36. Lorsque la première division partielle peut se faire en prenant autant de chiffres au dividende qu'il y en a au diviseur, le nombre de chiffres du quotient est égal à la différence, plus un, entre le nombre des chiffres du dividende et celui du diviseur; mais lorsqu'on doit prendre un chiffre de plus au dividende, le nombre de chiffres du quotient est égal à la différence entre le nombre des chiffres du dividende et celui du diviseur.

37. Des quatre opérations de l'arithmétique, la division est sans contredit la plus difficile : elle offre, pour les commençans, beaucoup de difficultés, dont la principale est d'apprécier le quotient, en opérant sur deux quantités exprimées par beaucoup de chiffres, et à la seule inspection du dividende et du diviseur.

Voici la marche à suivre pour faciliter la recherche de ce nombre :

Au lieu de diviser par tout le diviseur, il faut seulement diviser le premier ou les deux premiers chiffres à gauche du dividende, par le premier chiffre à gauche du diviseur. Soit **9882** le dividende, et **2332** le diviseur.

Je divise **9**, premier chiffre du dividende, par **2**, premier chiffre du diviseur, et le quotient est **4**; donc **4** est le quotient de **9882** par **2332**.

Si l'on avait **14832** à diviser par **6234**, il faudrait diviser **14** par **6**, et le nombre **2** qui en résulte, serait le quotient de **14832** par **6234**.

38. Cette manière de trouver le quotient de deux grands nombres par le moyen d'une division simple serait fort commode, si elle était infaillible ; mais il se présente souvent un obstacle, et c'est ce qui arrive dans la division de **14768** par **2864** : le diviseur **2** est contenu **7** fois en **14** ;

mais le diviseur tout entier, multiplié par ce quotient, donne un produit plus grand que le dividende **14768**; donc **7** est trop grand pour être placé au quotient.

Cependant il ne faut pas abandonner cette méthode; car, ayant trouvé la cause de l'inconvénient qu'elle présente, elle peut encore servir.

En effet, que l'on suive avec attention la multiplication de tout le diviseur par le chiffre que l'on place au quotient, on remarquera que la retenue qu'on obtient, en multipliant un chiffre quelconque du diviseur, reflue toujours sur le produit du chiffre suivant, et qu'étant arrivé à la dernière multiplication, le produit se trouvant augmenté de la retenue de la multiplication précédente, se trouve souvent plus grand que le dividende partiel qui lui correspond, ce qui prescrit de diminuer le quotient.

D'après cette observation, il faut donc, avant de placer le quotient de la division simple, s'assurer le plus promptement possible, si ce nombre, multiplié par le premier chiffre du diviseur, plus la retenue provenant du même quotient par le second chiffre du diviseur, ne surpasse pas le nombre qui lui correspond dans le dividende.

Suivons l'opération ci-dessous.

476832643	56432
253766	8449
280384	
546563	
38675	

EXPLICATION. Je divise **47** par **5**, le quotient est **9**; mais $5 \times 9 + 5$, c'est-à-dire le premier chiffre du diviseur par le quotient, plus la retenue de la multiplication précédente, égalent **50**, nombre plus grand que **47** : donc **9** ne peut être mis au quotient. J'essaie de mettre **8**; j'ai $5 \times 8 + 4 = 44$, résultat plus petit que **47** : donc **8** est le quotient convenable.

Après avoir fait les opérations nécessaires, j'abaisse un chiffre du dividende total à côté du reste **25376**, ce qui fait **253766**. Je divise **25** par **5**, il vient **5**; mais $5 \times 5 + 3 = 28$, plus grand que **25** : donc on ne peut mettre **5** au quotient; mais le nombre **4** convient, puisque $5 \times 4 + 2 = 22$.

Ayant abaissé un chiffre à côté du reste, je divise **28** par **5**, j'ai **5** que je devrais trouver bon, puisque $5 \times 5 + 3 = 28$, nombre qui n'empêche pas de faire la soustraction; mais il se présente ici une difficulté semblable à la première : le produit des deux premiers chiffres du diviseur, considérés comme n'en faisant qu'un seul, multiplié par **5**, plus la retenue de la multiplication du troisième chiffre par ce nombre, est **282**, résultat trop grand pour être ôté du dividende **280**, auquel il correspond : donc il n'est pas nécessaire d'essayer de multiplier tout le diviseur par ce nombre pour s'appercevoir qu'il est trop grand. Je prends donc **4**; j'en fais l'essaie, et comme $5 \times 4 + 2 = 22$, je conclus que ce nombre est convenable.

Ayant descendu le dernier chiffre du dividende total, je divise 54 par 5, j'ai 9 qui convient au quotient, puisque $5 \times 9 + 5 = 50$, plus petit que 54.

Donc enfin le quotient de 476832645 par 56452 est 8449 avec 38675 de reste.

39. La division sert ou à trouver la valeur d'une seule chose connaissant la valeur de plusieurs, ou à trouver la valeur de plusieurs, connaissant la valeur d'une seule.

1er CAS. Il a fallu 192 francs pour payer 12 ouvriers : combien faudra-t-il pour n'en payer qu'un ?

Il faudra nécessairement douze fois moins d'argent pour payer un seul ouvrier : donc pour résoudre cette question, il faut diviser 192 par 12.

2e CAS. Un ouvrier a mis 8 jours pour faire un certain ouvrage : quel temps faudra-t-il à 12 ouvriers pour faire le même ouvrage ?

Il est certain qu'il faudra 12 fois moins de temps à 12 ouvriers : donc, il faut, pour résoudre cette question, diviser 8 par 12.

On voit donc que la première question, où l'on cherchait la valeur d'une seule chose, connaissant la valeur de plusieurs, a dû se résoudre par une division ; et que la deuxième, où l'on cherchait la valeur de plusieurs choses, connaissant la valeur d'une seule, a dû aussi se résoudre par la division.

La première de ces deux questions est *directe*, la seconde est *indirecte* ou *inverse*.

REMARQUES SUR LA MULTIPLICATION ET LA DIVISION.

40. Soient un multiplicande et un multiplicateur, si l'on multiplie le multiplicande ou le multiplicateur par un nombre quelconque, il est évident que le produit deviendra autant de fois plus grand qu'il y a d'unités dans le nombre qui a multiplié.

Au contraire, si l'on divise le multiplicande ou le multiplicateur par un nombre quelconque, le produit deviendra autant de fois plus petit qu'il y a d'unités dans le nombre qui a divisé : d'où il résulte que, si on multiplie un des termes d'une multiplication par un nombre quelconque, et que l'on divise l'autre par le même nombre, le produit restera le même. Ainsi, le produit de **216** par **24** est le même que celui de **432** par **12**; ou le même que celui de **108** par **48**.

41. Soient un dividende et un diviseur, si on multiplie le dividende par un nombre quelconque, le quotient sera rendu autant de fois plus grand que le nombre qui multiplie contient d'unités.

Si, au contraire, on multiplie le diviseur, le

quotient deviendra autant de fois plus petit que le nombre qui multiplie contient d'unités.

Réciproquement, si l'on divise le dividende, on rendra le quotient autant de fois plus petit que le nombre qui divise contient d'unités.

Si, au contraire, on divise le diviseur, le quotient sera rendu autant de fois plus grand que le nombre qui divise contient d'unités.

De là, il résulte qu'on peut multiplier ou diviser les deux termes d'une division par un nombre quelconque, sans en changer la valeur, c'est-à-dire, sans changer la valeur du quotient : car, si l'on multiplie les deux termes, l'effet de la première multiplication est détruit par l'effet de la seconde, et si on les divise, l'effet de la première division est détruit par l'effet de la seconde.

Il est donc aisé de reconnaître que la division indiquée $\frac{56\times4}{8}$ est quatre fois plus grande que la division $\frac{56}{8}$, puisque le dividende se trouve multiplié par 4.

Au contraire, la division $\frac{56}{8\times4}$ est quatre fois plus petite que $\frac{56}{8}$, son diviseur étant multiplié par 4.

Mais la division $\frac{56}{8}$ est égale à $\frac{56\times4}{8\times4}$, et celle-ci égale à $\frac{56\times4\times5}{8\times4\times5}$. Or, puisque l'on peut introduire aux deux termes d'une division des facteurs égaux, on peut aussi les supprimer. Donc la division $\frac{56\times7\times5}{12\times7\times5}$ peut se réduire à $\frac{56\times7}{12\times7}$, et celle-ci à $\frac{56}{12}$.

42. On peut déduire de ce qu'on vient d'ex-

poser sur la division indiquée, 1° qu'on multiplie une division en multipliant le dividende ou en divisant le diviseur; 2° qu'on divise une division en divisant le dividende ou en multipliant le diviseur; 3° qu'on réduit une division à sa plus simple expression en supprimant au dividende et au diviseur les multiplicateurs égaux, ou en divisant les deux termes par un même nombre.

Ainsi, la division $\frac{36}{14}$, multipliée par **7**, donne $\frac{36 \times 7}{14} = \frac{252}{14} = 18$ ou $\frac{36}{2} = 18$. La division $\frac{36}{14}$, divisée par **9**, donne $\frac{4}{14} = \frac{2}{7}$ ou $\frac{36}{14 \times 9} = \frac{36}{126} = \frac{2}{7}$.

43. Lorsqu'on réduit une division indiquée à sa plus simple expression, il arrive souvent que les multiplicateurs communs ne se trouvent pas précisément les uns sous les autres; cela ne doit pas empêcher de les supprimer lorsqu'il y a lieu. Ainsi, $\frac{8 \times 3 \times 6}{4 \times 6 \times 3} = \frac{8 \times 6}{4 \times 6} = \frac{8}{4}$.

On peut aussi diviser un terme quelconque du dividende, pourvu que l'on divise par le même nombre l'un quelconque des termes du diviseur.

Soit $\frac{12 \times 28 \times 15}{6 \times 3 \times 7}$. Je divise par **6** le premier terme du dividende, et le premier du diviseur, j'ai $\frac{2 \times 28 \times 15}{1 \times 3 \times 7}$. Je divise par **7** le second terme du dividende et le troisième terme du diviseur, il vient $\frac{2 \times 4 \times 15}{1 \times 3 \times 1}$. Je divise par **3** le troisième terme du dividende et le second du diviseur, j'ai $\frac{2 \times 4 \times 5}{1 \times 1 \times 1} = \frac{40}{1}$ $= \mathbf{40}$.

44. Cette manière de diviser ainsi le dividende

et le diviseur, s'appelle réduire une division à sa plus simple expression.

Soit encore la division $\frac{4\times8\times144\times36}{8\times96\times48\times5\times4}$ à réduire à sa plus simple expression.

OPÉRATION.

$$\frac{\cancel{4}\times\cancel{8}\times\overset{3}{\cancel{144}}\times\overset{3}{\cancel{36}}}{\cancel{8}\times\underset{8}{\cancel{96}}\times\underset{1}{\cancel{48}}\times5\times\cancel{4}} = \frac{3\times3}{8\times5} = \frac{9}{40}.$$

EXPLICATION. J'efface le premier terme du dividende et le dernier du diviseur. J'efface le second terme du dividende et le premier du diviseur. Je divise par 48 le troisième terme du dividende et le troisième du diviseur, je trouve 3 pour le dividende et 1 pour le diviseur ; je pose 3 au-dessus de 144 et 1 au-dessous de 48. Je divise par 12 le quatrième terme du dividende et le second du diviseur, je trouve 3 pour le dividende et 8 pour le diviseur. Ne pouvant plus diviser les deux termes par un même nombre, j'effectue les opérations en multipliant l'un par l'autre tous les termes du dividende qui ne sont point barrés ; en faisant la même chose pour les termes du diviseur, je trouve que la division $\frac{4\times8\times144\times36}{8\times96\times48\times5\times4} = \frac{3\times3}{8\times5} = \frac{9}{40}$, division qui doit rester indiquée, le dividende étant plus petit que le diviseur.

Preuve de la Multiplication.

45. La preuve de la multiplication se fait en divisant le produit par le multiplicande ou par

le multiplicateur : par le multiplicande, pour retrouver le multiplicateur, ou par le multiplicateur, pour retrouver le multiplicande.

En effet, le produit se forme du multiplicande répété autant de fois qu'il y a d'unités dans le multiplicateur, ou, ce qui revient au même, le multiplicateur est renfermé dans le produit autant de fois qu'il y a d'unités dans le multiplicande; c'est pourquoi, en divisant le produit par l'un des deux facteurs, on doit retrouver l'autre.

Preuve de la Division.

46. La preuve de la division se fait en multipliant le quotient par le diviseur, pour retrouver le dividende. Mais si la division ne se fait qu'avec un reste, il faut ajouter ce reste au produit trouvé.

Il est clair qu'en multipliant le quotient par le diviseur, on doit retrouver le dividende; car, le dividende ayant été décomposé en un nombre de parties égales, indiqué par le diviseur (**29**), et une de ces parties égales étant représentée par le quotient, il est évident que, multiplier le quotient par le diviseur, c'est faire une opération par

---

(*) D'après le principe du n° 40, la preuve de la multiplication peut aussi se faire en multipliant la moitié du multiplicande par le double du multiplicateur, ou le tiers du multiplicande, par le triple du multiplicateur, etc.; le produit doit toujours être le même.

laquelle on réunit toutes les parties dont le dividende est composé.

Axiômes.

47. Il existe en mathématiques des vérités si évidentes d'elles-mêmes, qu'elles n'ont pas besoin d'être démontrées.

Ces vérités incontestables sont appelées *axiômes*.

En voici quelques uns :

1° Le tout est égal à toutes ses parties réunies.

2° Le tout est plus grand qu'une de ses parties.

3° Si deux quantités sont égales, elles ne cessent pas de l'être, étant augmentées ou diminuées toutes deux d'un même nombre.

4° Si deux quantités diffèrent entr'elles, la différence existera encore après les avoir augmentées ou diminuées toutes deux d'un même nombre.

Application.

48. Du **4** au **8** décembre **1832**, il a été tiré de la part des Français, sur la citadelle d'Anvers, **4473** boulets de **24**; **2519** boulets de **16**; **3617** obus; **2860** bombes : on demande combien on a lancé de projectiles pendant ces quatre jours ?

Pour résoudre cette question, il faut ajouter les quatre nombres **4473**, **2519**, **3617**, **2860**; ce qui donnera **13469**.

49. Un négociant estime que le commerce lui

rapporte **12000** francs de bénéfice par an; mais que sur cette somme il a à payer **3648** francs, tant pour le paiement de ses commis, que pour frais de bureau; que l'entretien de son ménage lui coûte **4000** francs; qu'enfin ses contributions s'élèvent à **636** francs. Il veut savoir combien il lui reste de son bénéfice. R. **3716** fr.

SOLUTION. Il faut ajouter **3648**, **4000** et **636**, ce qui donnera **8284** francs, qu'il faudra ôter de **12000**; il restera **3716** francs pour le nombre demandé.

50. Une personne née le **27** octobre **1784** est morte à la même époque **1815**. Combien a-t-elle vécu d'années? R. **31** ans.

SOLUTION. Pour résoudre cette question, il faut ôter **1784**, époque de la naissance, de **1815**, époque du décès, il vient **31** ans.

Cependant l'année **1784** n'était pas entièrement écoulée lorsque cette personne est venue au monde; il s'en fallait encore de deux mois et trois jours : donc cette époque doit être marquée par **1783** ans **9** mois et **27** jours. Par un raisonnement semblable, on trouve qu'elle est morte à une époque marquée par **1814** ans **9** mois **27** jours; mais rien n'empêche de résoudre la question comme il vient d'être dit.

En effet, l'axiôme quatrième autorise à supprimer de part et d'autre **9** mois **27** jours; on est aussi autorisé à ajouter une unité à chaque terme restant, ce qui réduit la soustraction composée à une soustraction simple ; soustraction où il suffit d'ôter **1784** de **1815**.

51. Une personne est née en **1789** ; elle a vécu **25** ans. En quelle année est-elle morte ? R. **1814**.

SOLUTION. Il faut ajouter **25** à **1789**, on a **1814**.

52. Pierre possède **350** francs ; et Jean, qui ne possède rien, doit au contraire **150** francs : quelle est la différence de leur fortune ? R. **500** francs.

SOLUTION. Il faut ajouter **150** à **350**, on aura **500**. En effet, que l'on donne **150** francs à Pierre et **150** francs à Jean, cette augmentation de part et d'autre ne peut influer sur la différence cherchée (axiôme 4) ; mais Pierre recevant **150** francs, sa fortune est de **500** francs ; Jean, recevant la même somme, se trouve quitte, c'est-à-dire, avoir zéro. Donc la différence entre la fortune de Pierre et la fortune de Jean est de **500** francs.

53. **12** mètres d'étoffe on coûté **276** francs : combien doivent coûter **18** mètres de la même étoffe ? R. **414** fr.

SOLUTION. Comme on ne peut trouver la valeur de plusieurs choses sans connaître préalablement la valeur d'une de ces choses, il faut d'abord connaître la valeur d'un mètre : à cet effet je divise **276** par **12** ; j'ai pour le prix d'un mètre **23** francs, que je multiplie par **18**, il vient **414** francs pour le prix demandé.

On voit que cette question dépend de deux opérations : d'une division, puis d'une multiplication. Mais il pourrait arriver que la division ne se fît pas exactement, ce qui présenterait une difficulté pour la multiplication suivante.

Pour éviter cette difficulté, on ne devra effectuer les opérations qu'après les avoir indiquées toutes par les signes qui leur sont consacrés.

Outre l'avantage qu'on retire de pouvoir commencer par la multiplication, on retire encore celui de pouvoir réduire la division indiquée à sa plus simple expression.

Ainsi, pour résoudre la question ci-dessus, j'indique la division de **276** par **12**, j'ai $\frac{276}{12}$ que je multiplie par **18**, en indiquant la multiplication, il vient $\frac{276 \times 18}{12}$.

RÉDUCTION.

$$\frac{\overset{138}{\cancel{276}} \times \overset{3}{\cancel{18}}}{\underset{\underset{1}{\cancel{2}}}{\cancel{12}}} = 414$$

EXPLICATION. Je divise par **6** le second terme du dividende et le terme du diviseur, je trouve **3** et **2**; je pose **3** au-dessus de **18**, et **2** au-dessous de **12**, et je barre **18** et **12**.

Je divise par **2** le premier terme du dividende et le nouveau terme du diviseur, et je trouve **138** et **1** ; je pose **138** au-dessus de **376**, et **1** au-dessous de **2**, et je barre **276** et **2**. Cela fait, je multiplie tous les termes du dividende qui ne sont point barrés ; et comme le diviseur est l'unité, les opérations se réduisent à une simple multiplication. Je multiplie donc **138** par **3** et j'ai **414**.

54. **600** francs placés à intérêt ont produit **30** francs au bout d'un certain temps : on demande quel serait l'intérêt de **800** francs placés de la même manière ? R. **40**.

SOLUTION. Puisque **600** francs donnent **30** francs, un franc placé à intérêt donnera **600** fois moins, c'est-à-dire, $\frac{30}{600}$. Ayant l'intérêt d'un franc, je le multiplie par **800** pour avoir l'intérêt de cette somme, j'ai $\frac{30 \times 800}{600} = 40$.

55. **1500** francs sont placés à **5** pour cent : je demande quel est l'intérêt de cette somme ? R. **75**.

SOLUTION. Je cherche l'intérêt d'un franc, et pour cela je raisonne ainsi : puisque **100** fr. donnent **5** d'intérêt, un franc donnera cent fois moins ; on aura donc $\frac{5}{100}$ pour l'intérêt d'un fr. lequel, étant multiplié par **1500**, donnera l'intérêt de **1500** francs : on a donc $\frac{5 \times 1500}{100} = 75$.

56. On sait que **75** francs sont l'intérêt d'une somme placée à **5** du cent ; quelle est cette somme ? R. **1500**.

SOLUTION. Il faut premièrement trouver le capital dont l'intérêt est un franc. Or, il est évident que si 5 francs produisent un capital **100**, un franc produira un capital cinq fois plus petit, c'est-à-dire, $\frac{100}{5}$, lequel, étant multiplié par **75**, donnera $\frac{100 \times 75}{5} = 1500$.

57. 1500 francs placés à intérêt ont produit **75** francs; je demande à combien c'est pour cent? R. à **5**.

SOLUTION. **1500** francs donnant **75** francs, un franc donnera $\frac{75}{1500}$, et **100** francs donneront $\frac{75 \times 100}{1500} = 5$.

58. 12 ouvriers ont mis **8** jours pour faire **2600** mètres d'ouvrage : on demande combien **15** ouvriers feront d'ouvrage en travaillant **12** jours? R. **4875**.

SOLUTION.

1° **2600**, ouvrage de **12** ouvriers, travaillant **8** jours.

2° $\frac{2600}{12}$, ouvrage d'un ouvrier, travaillant **8** jours.

3° $\frac{2600}{12 \times 8}$, ouvrage d'nn ouvrier, travaillant un jour.

3° $\frac{2600 \times 15}{12 \times 8}$, ouvrage de **15** ouvriers, travaillant un jour.

5° $\frac{2600 \times 15 \times 12}{12 \times 8}$, ouvrage de **15** ouvriers, travaillant **12** jours.

La dernière division étant réduite à sa plus simple expression, donnera $325 \times 15 = 4875$.

59. 12 ouvriers ont mis **8** jours pour faire un

certain ouvrage : quel temps faudrait-il à 16 ouvriers pour faire le même ouvrage ? R. 6.

SOLUTION. Il faut nécessairement douze fois plus de temps à un seul ouvrier, qu'il n'en faudrait à douze : donc, si 12 ouvriers mettent 8 jours pour faire l'ouvrage en question, un seul ouvrier mettra, pour faire le même ouvrage, un nombre de jours exprimé par 8×12; maintenant, puisqu'un ouvrier met 8×12 jours pour faire l'ouvrage, 16 ouvriers mettront 16 fois moins de temps, c'est-à-dire, $\frac{8 \times 12}{16} = 6$.

60. 18 ouvriers travaillant 4 heures par jour ont mis 8 mois pour creuser un fossé de 64000 mètres de longueur : quel temps faudrait-il à 24 ouvriers travaillant 6 heures par jour pour creuser un autre fossé qui aurait 192000 mètres ? R. 12 mois.

SOLUTION.

1° 8 mois, temps qu'il faut à 18 ouvriers, travaillant 4 heures par jour, pour faire 64000 mètres.

2° 8×18, temps qu'il faut à un seul ouvrier, travaillant 4 heures par jour, pour faire 64000 mètres.

3° $8 \times 18 \times 4$, temps qu'il faut à un ouvrier travaillant une heure, pour faire 64000 mètres.

4° $\frac{8 \times 18 \times 4}{64000}$, temps qu'il faut à un ouvrier, travaillont une heure, pour faire un mètre,

5° $\frac{8 \times 18 \times 4}{64000 \times 24}$, temps qu'il faut à 24 ouvriers, travaillant une heure, pour faire un mètre.

6° $\frac{8\times18\times4}{64000\times24\times6}$, temps qu'il faut à **24** ouvriers, travaillant **6** heures : pour faire un mètre.

7° $\frac{8\times18\times4\times192000}{64000\times24\times6}$, temps qu'il faut à **24** ouvriers, travaillant **6** heures par jour, pour faire **192000** mètres. Le dernier résultat résout la question et donne **12** mois.

Propriétés principales des Nombres.

61. Les nombres terminés par **2**, **4**, **6**, **8** et **0**, sont appelés nombres *pairs ;* et les nombres terminés par **1**, **3**, **5**, **7** et **9**, sont appelés *impairs*.

62. Un nombre qui ne peut être divisé exactement que par lui-même ou par l'unité, est un *nombre premier* : **1**, **2**, **3**, **5**, **7**, **11**, **13**, **17**, **19**, **23**, **29**, etc., sont des nombres premiers.

63. Tout nombre qui a la propriété d'en contenir un autre plusieurs fois exactement, est un *multiple* de cet autre, et les nombres dont un multiple est formé s'appellent *sous-multiples* ou *parties aliquotes*.

64. Tout nombre qui en divise un autre exactement, divise aussi tous ses multiples : **4** par exemple, divisant **20** exactement, doit diviser exactement $20 + 20$ ou $20 \times 2 = 40$; $20 + 20 + 20 = 20 \times 3 = 60$, etc.

65. Tout nombre qui en divise deux autres exactement, divise aussi leur somme et leur différence.

En effet, si 4 est le diviseur exact de deux quantités quelconques, chaque quantité renfermant plusieurs 4, leur réunion renfermera nécessairement plusieurs 4 et sera divisible par 4.

En second lieu, comme la différence de ces deux mêmes quantités ne peut être qu'un ou plusieurs 4, elle est aussi divisible par 4.

66. Tout nombre qui en divise deux autres exactement, divise aussi le reste de la division du plus grand par le plus petit.

DÉMONSTRATION. 48 étant le dividende, et 18 le diviseur, le quotient sera 2 avec un reste 12, et on aura : $48 = 18 \times 2 + 12$, c'est-à-dire, que le dividende est composé de deux parties : du diviseur multiplié par le quotient, et du reste. Maintenant, je dis que tout nombre qui divisera 48 et 18, divisera aussi le reste 12 de la division.

D'abord, le diviseur de 18 sera aussi le diviseur de 18×2 qui est un multiple de 18 (64); mais 12 est la différence entre 48 et 18×2 : donc le diviseur de 48 et de 18×2 est aussi celui de 12 (65).

67. Si l'on divise séparément plusieurs quantités par un même nombre, et que la somme de tous les restes soit divisible par ce nombre, le même diviseur divisera exactement la somme totale des quantités données. Soient 258, 47 et 15, trois nombres dont la somme est 320, et soit 8 le diviseur.

La division de 258 par 8 donne 32 ponr quotient et 2 pour reste; la division de 47 par 8 donne 5 pour quotient et 7 pour reste; enfin, la division de 15 par 8 donne 1 pour quotient et 7 pour reste, et on a (46)

$$1^\circ \quad 258 = 32 \times 8 + 2$$
$$2^\circ \quad 47 = 5 \times 8 + 7$$
$$3^\circ \quad 15 = 1 \times 8 + 7$$

Faisons la somme de ces trois résultats, nous aurons $320 = (32 + 5 + 1)\,8 + 16$; d'où l'on voit que la somme des dividendes est égale à la somme de tous les quotients multipliée par le diviseur, plus la somme des restes; mais la somme de tous les quotients par le diviseur est nécessairement divisible par 8 (64) : donc il suffit que la somme 16 des restes, soit divisible par ce nombre pour que la somme des dividendes le soit pareillement.

68. Tout nombre terminé par un chiffre pair est divisible par 2 : mais si ce nombre est divisible par 2, et le quotient encore par 2, il sera divisible par 4; divisible par 2 et le quotient par 3, il est divisible par 6; par 3 et le quotient par 3; il est divisible par 9, etc.

69. Tout nombre dont la somme des chiffres significatifs est divisible exactement par 3 ou par 9, est divisible par ces nombres.

DÉMONSTRATION. Si l'on divise successivement par 3 ou par 9 les nombres 10, 100, 1000, etc., on trouvera toujours 1 pour reste : car, $10 = 9 + 1$, $100 = 99 + 1$, $1000 = 999 + 1$.

Si l'on fait la même opération sur les nombres **20**, **200**, **2000**, on trouvera toujours **2** pour reste : car, $20 = 10 + 10$ ou $9 + 1 + 9 + 1 = 9 + 9 + 2$; $200 = 100 + 100$ ou $99 + 1 + 99 + 1 = 99 + 99 + 2$; $2000 = 1000 + 1000$ ou $999 + 1 + 999 + 1 = 999 + 999 + 2$.

Si l'on divise de la même manière par **9** les nombres **30**, **300**, **3000**, on trouvera toujours **3** pour reste : car $30 = 10 + 10 + 10 = 9 + 1 + 9 + 1 + 9 + 1 = 9 + 9 + 9 + 3$; $300 = 100 + 100 + 100 = 99 + 1 + 99 + 1 + 99 + 1 = 99 + 99 + 99 + 3$; $3000 = 1000 + 1000 + 1000 = 999 + 1 + 999 + 1 + 999 + 1 = 999 + 999 + 999 + 3$, et ainsi de suite.

En général, tout nombre exprimé par un seul chiffre significatif, suivi d'un ou de plusieurs zéro, étant divisé par **3** ou par **9**, donne constamment un reste égal au chiffre significatif.

Soit maintenant le nombre **27846** dont la somme des chiffres est divisible par **9**, je dis que ce nombre sera divisible par **3** et par **9**.

En effet, cette quantité étant décomposée, donne $20000 + 7000 + 800 + 40 + 6$; et si l'on divise chacune des parties séparées par **9**, on obtiendra les restes $2 + 7 + 8 + 4 + 6$, dont la somme est **27**, nombre divisible par **9** : d'où il résulte (**67**) que **27846** est divisible par **9**, et par conséquent par **3**.

70. Tout nombre terminé par **5** est divisible par **5** ; terminé par zéro, il est divisible par **5** et par **10**.

71. Le nombre **100** = **25** × **4** étant divisible également par **4** et par **25**, tous ses multiples seront également divisibles par ces nombres: donc, tout nombre suivi de plusieurs zéro est divisible par **4** et par **25**.

Il résulte de ce principe qu'un nombre dont les deux premiers chiffres à droite sont divisibles par **4** et par **25** est divisible par **4** et par **25** : **412** est divisible par **4**, parce que les deux premiers chiffres sont divisibles par ce nombre.

En effet, **412** = **400** + **12**, deux multiples de **4**. **475** = **400** + **75** est divisible par **25**, parce que chaque partie qui le compose est un multiple de **25**.

72. **1000** étant divisible par **8** et par **125**, puisque ce nombre est égal à **125** × **8**, tous ses multiples seront pareillement divisibles par ces deux nombres: donc tout nombre suivi de trois zéro, ou plus, est divisible par **8** et par **125**.

D'où il suit que si les trois premiers chiffres à droite d'une quantité sont divisibles par **8** ou par par **125**, la quantité elle-même est divisible par **8** ou par **125** : **45576** est divisible par **8** : car, elle équivaut à **45000** + **576**, quantités divisibles par **8**. **329375** est divisible par **125**, parce que, étant décomposée, elle donne **329000** + **375**, et que ces deux quantités sont divisibles par **125**.

On pourrait de même prouver qu'un nombre suivi de quatre zéro est divisible par **16** et **625**; suivi de cinq zéro, il l'est par **32** et **5125**.

En général, tout nombre suivi d'un zéro est divisible exactement par **2** et par **5**; suivi de deux zéro, il l'est par **4** et par **25**, ou par la seconde puissance de **2** et par la seconde puissance de **5** (*); suivi de trois zéro, il est divisible par **8** et par **125**, ou par la troisième puissance de **2** et par la troisième puissance du **5**; suivi de quatre zéro, il est divisible par **16** et par **625** ou par la quatrième puissance de **2** et par la quatrième puissance de **5**, etc.

Fractions.

73. Lorsqu'une division a le dividende plus petit que le diviseur, elle ne peut s'effectuer, et elle doit rester indiquée; alors elle prend le nom de fraction, c'est-à-dire une ou plusieurs parties de l'unité (4).

Le dividende et le diviseur prennent aussi d'autres noms : le dividende s'appelle *numérateur* et le diviseur, *dénominateur*.

Une fraction provient souvent d'une division qui ne peut s'effectuer exactement; on prend le reste pour en faire le numérateur, et le diviseur pour en faire le dénominateur. Par exemple, **18** divisé par **5**, donne **3** pour quotient, et **3** pour

---

(*) On appelle puissance d'un nombre, ce nombre multiplié par l'unité, ou une fois, deux fois, etc. par lui-même : $4 \times 1 = 4$, est la première puissance de 4; $4 \times 4 = 16$, est la seconde puissance de 4; $4 \times 4 \times 4 = 64$, c'est la troisième puissance de 4, etc.

reste : du reste 3 et du diviseur 5, on formera la fraction $\frac{3}{5}$.

On donne aussi le nom de fractions aux divisions indiquées, et cela parce qu'elles en ont la forme. D'où il résulte qu'il existe des fractions moindres que l'unité, égales à l'unité et plus grandes que l'unité.

1° Lorsque le numérateur d'une fraction est plus petit que le dénominateur, la fraction est plus petite que l'unité.

2° Lorsque le numérateur est égal au dénominateur, la fraction est égale à l'unité.

3° Lorsque le numérateur est plus grand que le dénominateur, la fraction est plus grande que l'unité. Ainsi on a $\frac{3}{4} < 1$, $\frac{4}{4} = 1$, $\frac{5}{4} > 1$. (*)

74. On n'énonce pas une fraction comme on énonce une division indiquée. $\frac{5}{8}$, comme division, s'énonce ainsi : 5 divisé par 8 ; mais, comme fraction, on prononce cinq huitièmes, en ajoutant la terminaison *ième* au nombre du dénominateur.

75. Puisque les fractions sont des divisions indiquées, on peut appliquer tout ce qui a été dit aux n°s 41 et 42. Ainsi, 1° On multiplie une fraction, en multipliant son numérateur ou en divisant son dénominateur ; 2° on divise une fraction, en di-

---

[*] Le signe $<$, signifie plus petit, ou plus petit que ; le signe $>$, signifie plus grand, ou plus grand que.

visant son numérateur ou en multipliant son dénominateur ; 3° on ne change pas la valeur d'une fraction, en multipliant ou en divisant ses deux termes par un même nombre.

Et comme les deux termes composant une fraction peuvent eux-mêmes être composés de plusieurs termes entre lesquels se trouve le signe de multiplication, on peut aussi appliquer le n° 43.

RÉDUCTION D'UNE FRACTION A SA PLUS SIMPLE EXPRESSION.

76. Une fraction peut s'écrire de plusieurs manières, sans changer de valeur : $\frac{1}{2}$, $\frac{2}{4}$, $\frac{4}{8}$, $\frac{48}{96}$, sont égales entre elles ; mais la première étant représentée par de plus petits nombres est préférable.

77. Pour parvenir à réduire une fraction à ses moindres termes ou à sa plus simple expression, il faut diviser ses deux termes par le plus grand nombre possible qu'on appelle *le plus grand diviseur commun*.

78. Pour trouver le plus grand diviseur commun de deux nombres, il faut diviser le plus grand par le plus petit : Si la division se fait sans reste, c'est le plus petit des deux nombres qui est le plus grand diviseur commun ; mais si la division laisse un reste, on doit diviser alors le plus petit des deux nombres, ou le premier diviseur par le premier reste, et l'on continue de diviser le dernier diviseur par le dernier reste, jusqu'à ce que la division soit épuisée. Le dernier diviseur est le plus grand diviseur commun.

Soit proposé de trouver le plus grand diviseur commun de 248 et 56. Je dispose les nombres comme on le voit ci-dessous.

248	56	24	8
	4	2	3

EXPLICATION. Je divise 248 par 56, je trouve 4 pour quotient et 24 de reste : donc 56 n'est pas le plus grand diviseur commun des deux quantités proposées; mais comme le diviseur commun des deux quantités 248 et 56 doit aussi diviser le reste 24 de la division (66), il s'ensuit que le diviseur commun de 248 et 56 sera aussi celui de 56 et 24.

Je cherche donc le plus grand diviseur commun de 56 et 24, en divisant 56 par 24. Je trouve 2 pour quotient et 8 pour reste : donc 24 n'est pas le plus grand diviseur demandé, n'étant pas celui de 56 et 24; mais le diviseur commun de 56 et 24 devant diviser le reste 8, il s'en suit que le plus grand diviseur commun de 56 et 24, et par conséquent celui de 248 et 56, doit être celui de 24 et 8.

Je divise 24 par 8, la division se fait exactement : donc 8 est le plus grand diviseur commun cherché.

79. Si, dans cette recherche, le dernier diviseur est l'unité, c'est une marque qu'il n'y a point de diviseur commun entre les deux quantités proposées, car l'unité ne divise point. Soient **156** et **35** deux quantités dont on cherche le plus grand diviseur commun.

OPÉRATION.

156	35	16	3	1
	4	2	5	3

Je trouve que le dernier diviseur est l'unité : donc les deux quantités n'ont point de diviseur commun.

80. Si l'ont veut maintenant réduire la fraction $\frac{56}{696}$ à sa plus simple expression, il faut chercher le plus grand diviseur commun des deux nombres **696** et **56**, lequel est **8**, puis diviser les deux termes de la fraction par ce nombre, et l'on obtient $\frac{7}{87}$.

81. Une fraction qui ne peut être réduite à une expression plus simple, est dite irréductible.

On reconnaît qu'une fraction est irréductible, lorsque ses deux termes sont des nombres premiers (**62**) ; ou lorsqu'ils sont premiers entre eux, c'est-à-dire, lorsqu'ils n'ont pas de commun diviseur ; ainsi, $\frac{3}{4}$, $\frac{13}{25}$, $\frac{18}{19}$, sont des fractions irréductibles.

Les remarques faites aux n^{os} **68**, **69**, **70**, **71**, **72**, donnent souvent le moyen de réduire une fraction à sa plus simple expression, sans avoir recours à la recherche du plus grand diviseur commun.

Si l'on avait la fraction $\frac{540}{720}$, les deux termes étant divisibles par **10** (**70**), elle devient égale à $\frac{54}{72}$; les deux termes de celle-ci étant divisibles par **9** (**69**), elle se réduit à $\frac{6}{8}$; enfin les deux termes de cette dernière étant divisible par **2** (**68**) ; elle se réduit à $\frac{3}{4}$: donc $\frac{540}{720}=\frac{3}{4}$.

RÉDUCTION DES FRACTIONS AU MÊME DÉNOMINATEUR.

82. Pour réduire deux fractions au même dénominateur, il faut multiplier les deux termes de la première par le dénominateur de la seconde, et les termes de la seconde par le dénominateur de la première.

Soient $\frac{3}{4}$ et $\frac{2}{5}$ à réduire au même dénominateur. Si l'on multiplie par **5** les deux termes de la première, et par **4** les deux termes de la seconde, on obtiendra $\frac{15}{20}$ et $\frac{8}{20}$, fractions égales aux deux premières; car on a multiplié par un même nombre les deux termes de chacune.

83. Pour réduire un nombre quelconque de fractions au même dénominateur, il faut multiplier les deux termes de chacune par le produit des dénominateurs de toutes les autres.

Ainsi, $\frac{3}{4}$, $\frac{2}{3}$, $\frac{1}{2}$, $\frac{5}{6}$ étant réduites au même dénominateur, donnent $\frac{108}{144}$, $\frac{96}{144}$, $\frac{72}{144}$, $\frac{120}{144}$. La première s'obtient en multipliant les deux termes de $\frac{3}{4}$ par **36**, produit des dénominateurs **3**, **2**, **6**; la seconde s'obtient en multipliant les deux termes de $\frac{2}{3}$ par **48**, produit des dénominateurs **4**,

2, 6; la troisième, en multipliant les deux termes de $\frac{1}{2}$ par 72, produit des dénominateurs 4, 3, 6; la quatrième, en multipliant les deux termes de $\frac{5}{6}$ par 24, produit des dénominateurs 4, 3, 2.

Ces fractions doivent avoir nécessairement le même dénominateur, car le dénominateur commun provient du produit de tous les dénominateurs.

84. Lorsque les dénominateurs des fractions sont des sous-multiples d'un même nombre, on peut abréger la réduction. Par exemple, les dénominateurs 4, 3, 2, 6 étant des sous-multiples du nombre 12, il s'ensuit qu'on peut réduire les fractions $\frac{3}{4}$, $\frac{2}{3}$, $\frac{1}{2}$, $\frac{5}{6}$ en douzièmes; et cela, en multipliant les deux termes de la première par 3, les deux termes de la seconde par 4, les deux termes de la troisième par 6, et les deux termes de la quatrième par 2, ce qui donne les nouvelles fractions $\frac{9}{12}$, $\frac{8}{12}$, $\frac{6}{12}$ et $\frac{10}{12}$.

85. Soient les fractions $\frac{2}{3}$, $\frac{3}{4}$, $\frac{1}{6}$ et $\frac{5}{7}$ à réduire au même dénominateur. Les trois premières peuvent être réduites en douzièmes; mais la quatrième ne peut avoir ce dénominateur; or, si l'on multiplie 12 par 7, le nombre 84 sera nécessairement multiple des dénominateurs 3, 4, 6 et 7. Donc le plus petit dénominateur commun des fractions $\frac{2}{3}$, $\frac{3}{4}$, $\frac{1}{6}$, $\frac{5}{7}$ est 84. Maintenant, si l'on multiplie les deux termes de la première par 28, les deux termes de la seconde par

21, les deux termes de la troisième par **14** et les deux termes de la quatrième par **12**, on aura les fractions $\frac{56}{84}$, $\frac{63}{84}$, $\frac{14}{84}$, $\frac{60}{84}$.

86. Mais les fractions $\frac{2}{3}$, $\frac{5}{7}$, $\frac{9}{10}$, $\frac{7}{8}$, n'ont point de plus petit dénominateur commun que celui qu'on obtiendrait en multipliant tous les dénominateurs l'un par l'autre : donc il n'y a point d'abréviation à prétendre pour réduire ces fractions au même dénominateur, et il faut en pareil cas faire usage de la méthode n° **83.**

DONNER A UNE FRACTION UN NOUVEAU DÉNOMINATEUR SANS EN CHANGER LA VALEUR.

87. Il faut multiplier ses deux termes par un nombre tel, que le produit de ce nombre par le dénominateur de la fraction, donne le dénominateur demandé : par exemple, pour réduire $\frac{5}{4}$ en douzièmes, il faut multiplier les deux termes de la fraction par **3**, parce que $3 \times 4 = 12$; pour réduire $\frac{5}{8}$ en quarantièmes, il faut multiplier les deux termes par **5**, parce que $5 \times 8 = 40$.

88. Il n'est pas toujours facile de reconnaître le nombre par lequel on doit multiplier les deux termes de la fraction pour la réduire à un autre dénominateur : on trouve ce nombre en divisant le dénominateur demandé par le dénominateur de la fraction donnée.

Ainsi, le nombre qui doit multiplier les deux termes de la fraction $\frac{12}{15}$ pour la réduire en quatre-vingt-dixième est $\frac{90}{15} = 6$.

Mais si l'on voulait généraliser ce procédé, il faudrait indiquer toutes les opérations que cette réduction exige : Ainsi, $\frac{12}{15}$ réduits en quatre-vingt-dixièmes donnent $\frac{12\times\frac{90}{15}}{15\times\frac{90}{15}}=\frac{12\times\frac{90}{15}}{90}$

Mais puisque le dénominateur est donné, l'opération consiste à trouver le numérateur, et l'on y parvient, comme on le voit, par l'expression $12\times\frac{90}{15}$, en multipliant le numérateur de la fraction donnée par le dénominateur demandé, et divisant le produit par le dénominateur de la fraction donnée. Donc la fraction $\frac{12}{15}$, reduite en quatre-vingt dixièmes, donne pour le numérateur $12\times\frac{90}{15}=\frac{12\times90}{15}=\frac{1080}{15}=72$, donc enfin la fraction demandée est $\frac{72}{90}$.

89. Il est évident que cette réduction n'est possible qu'autant que le dénominateur demandé est divisible par le dénominateur de la fraction à réduire.

On ne pourrait pas réduire $\frac{4}{5}$ en vingt-quatrièmes, parce que le **24** n'est pas divisible exactement par **5**. En effet, $\frac{4}{5}$ réduits en vingt-quatrièmes donneraient pour numérateur $4\times\frac{24}{5}=\frac{4\times24}{5}$: or, ce numérateur ne peut être un nombre entier, puisque **4** et **24** ne sont point divisibles par **5** ; donc la fraction $\frac{4}{5}$ ne peut être réduite en vingt-quatrièmes.

Cependant on pourrait parvenir à réduire $\frac{4}{5}$ en vingt-quatrièmes, par approximation, et l'on aurait pour numérateur $\frac{4\times24}{5}=\frac{96}{5}=19$; c'est-à-dire que la fraction $\frac{4}{5}$ réduite en vingt-quatrièmes donne $\frac{19}{24}$ à quelque chose près.

RÉDUCTION D'UN NOMBRE ENTIER EN FRACTION.

90. Pour réduire un nombre entier en demies, il faut le multiplier par **2** et donner au produit **2** pour dénominateur ; pour réduire en tiers, il faut multiplier par **3** et donner **3** au produit pour dénominateur, etc. Ainsi, **12** réduit en septièmes donne $\frac{84}{7}$.

91. Un nombre entier peut être accompagné d'une fraction, comme $8\frac{3}{4}$, $12\frac{1}{2}$; et il est souvent nécessaire de réduire le tout en fraction, c'est-à-dire, de ne faire qu'une fraction du nombre entier et de la fraction qui l'accompagne : pour cela on multiplie le nombre entier par le dénominateur de la fraction ; on ajoute au produit le numérateur et on obtient le numérateur de la fraction demandée, auquel on doit donner pour dénominateur celui de la fraction donnée.

Ainsi, $12\frac{3}{4}=\frac{51}{4}$. En effet, $12=\frac{48}{4}$ (**90**), donc $12+\frac{3}{4}=\frac{48}{4}+\frac{3}{4}=\frac{51}{4}$; de même $18+\frac{2}{3}=\frac{56}{3}$, car $18=\frac{54}{3}$, et par conséquent $18+\frac{2}{3}=\frac{54}{3}+\frac{2}{3}=\frac{56}{3}$.

EXTRACTION DES ENTIERS RENFERMÉS DANS UNE FRACTION.

92. Comme on peut donner à un nombre entier une forme fractionnaire, on peut aussi ramener une forme fractionnaire à son premier état, c'est-à-dire la réduire en nombre entier, ou en nombre entier suivi d'une fraction : pour y parvenir, il faut diviser le numérateur par le dénominateur ; le quotient exprimera les entiers, et le reste, s'il y en a un, formera, avec le diviseur, une fraction qui doit accompagner le nombre entier (73).

En effet, on sait que $\frac{4}{4} = 1$ (73), que $\frac{8}{4} = 2$, que $\frac{12}{4} = 3$, etc.; d'où l'on voit qu'un nombre fractionnaire contient autant d'unités que son dénominateur est contenu de fois dans son numérateur.

Ainsi, $\frac{36}{9} = 4$, $\frac{56}{12} = 4 + \frac{8}{12}$ ou $4 + \frac{2}{3}$.

Addition des Fractions.

93. Si les fractions ont le même dénominateur, l'addition se fait en ajoutant les numérateurs seulement, et en donnant à la somme le dénominateur commun. Ainsi, $\frac{3}{5} + \frac{1}{5} + \frac{4}{5} + \frac{8}{5} = \frac{16}{5} = 3 + \frac{1}{5}$.

94. Si les fractions n'ont pas le même dénominateur, on doit les y réduire et l'addition se fait comme il vient d'être dit. Ainsi, $\frac{3}{4}, \frac{5}{6}, \frac{8}{9}, \frac{7}{12} = \frac{1944}{2592}, \frac{2160}{2592}, \frac{2304}{2592}, \frac{1512}{2592} = \frac{7920}{2592} = 3 + \frac{1}{18}$.

95. Si les fractions accompagnent des entiers, il faut réduire chaque nombre entier en fraction, réduire ces fractions au même dénominateur, et en faire l'addition comme il vient d'être dit.

Soit proposé d'ajouter les quantités suivantes : $18\frac{1}{2}$, $36\frac{2}{3}$, $142\frac{5}{6}$, $87\frac{3}{4}$. La première quantité étant réduite en fraction donne $\frac{37}{2}$; la seconde, $\frac{110}{3}$; la troisième, $\frac{857}{6}$; la quatrième, $\frac{351}{4}$: réduisant ces fractions au même dénominateur, on a $\frac{2664}{144}$, $\frac{5280}{144}$, $\frac{20568}{144}$, $\frac{12636}{144} = \frac{41148}{144} = 285 = \frac{3}{4}$.

96. L'addition des entiers accompagnés de fractions peut se faire sans que l'on réduise le tout en fraction : il faut pour cela réduire séparément les fractions au même dénominateur, en faire la somme, extraire les entiers qui y sont contenus, puis faire la somme des nombres entiers, en y ajoutant ceux que l'on vient de trouver.

Soient les quantités $12\frac{3}{4}$, $17\frac{1}{6}$, $84\frac{2}{3}$, $108\frac{1}{2}$.

Je dispose ces nombres les uns sous les autres avec leurs fractions ; mais je fais séparément l'addition des fractions, comme il suit.

$$\begin{array}{r} 12\frac{3}{4} \\ 17\frac{1}{6} \\ 84\frac{2}{3} \\ 108\frac{1}{2} \\ \hline 225\frac{1}{12} \end{array}$$

Réduction au même dénominateur :

$$\begin{array}{cccc} \frac{3}{4} & \frac{1}{6} & \frac{2}{3} & \frac{1}{2} \\ \frac{9}{12} & \frac{2}{12} & \frac{8}{12} & \frac{6}{12} = \frac{25}{12} = 2 + \frac{1}{12}. \end{array}$$

Soustraction des Fractions.

97. La soustraction des fractions qui ont le même dénominateur se fait en ôtant le numérateur de la fraction à soustraire du numérateur de la fraction dont on veut soustraire, et conservant le même dénominateur. Ainsi $\frac{11}{18} - \frac{8}{18} = \frac{3}{18} = \frac{1}{6}$.

98. Mais lorsque les dénominateurs sont différens, on doit en faire la réduction ; et si les fractions sont jointes à des entiers, il faut réduire tout en fraction. Ainsi, pour ôter $\frac{3}{4}$ de $\frac{5}{6}$, on ôtera $\frac{18}{24}$ de $\frac{20}{24}$, et l'on aura $\frac{2}{24} = \frac{1}{12}$ pour reste.

Soit proposé d'ôter $18\frac{5}{6}$ de $28\frac{3}{4}$; ces deux quantités étant réduites en fraction donnent d'abord $\frac{113}{6}$ et $\frac{115}{4}$, et en réduisant au même dénominateur on a $\frac{452}{24}$ et $\frac{690}{24}$, dont la différence est $\frac{238}{24} = 9 + \frac{11}{12}$.

Preuve de l'addition des fractions.

99. Après avoir fait la somme de plusieurs fractions, on en fait la preuve en faisant une seconde somme de ce qui manque à chacune d'elles pour composer l'unité ; on ajoute ce second résultat au premier, et l'on doit nécessairement trouver pour troisième somme autant d'unités qu'il y avait de fractions à ajouter.

EXEMPLE.

Fractions à ajouter....	$\frac{1}{2}$ $\frac{3}{4}$ $\frac{2}{5}$ $\frac{1}{3}$
Réduction au même dénominateur et addition.	$\frac{60}{120}$ $\frac{90}{120}$ $\frac{48}{120}$ $\frac{40}{120} = 1 + \frac{118}{120}$
Différence entre l'unité et chaque fraction primitive..	$\frac{1}{2}$ $\frac{1}{4}$ $\frac{3}{5}$ $\frac{2}{3}$
Réduction au même dénominateur et addition.	$\frac{60}{120}$ $\frac{30}{120}$ $\frac{70}{120}$ $\frac{40}{120} = 2 + \frac{2}{120}$
Preuve.........	4

Preuve de la Soustraction.

100. Après avoir trouvé la différence entre les deux fractions données, il faut, comme on l'a fait pour la preuve de l'addition, prendre la différence entre l'unité et chaque fraction primitive, et ôter la plus petite différence de la plus grande; le résultat de cette dernière soustraction devra être égal à la différence des fractions primitives.

EXEMPLE.

Fractions données........	$\frac{9}{11}$ — $\frac{2}{5}$		
Réduction et soustraction..	$\frac{27}{55}$ — $\frac{22}{55} = \frac{5}{55}$.		
Différence entre l'unité et chaque fraction	$\frac{2}{11}$	$\frac{1}{5}$	
Réduction au même dénominateur	$\frac{6}{55}$	$\frac{11}{55}$	
Soustraction...............	$\frac{11}{55} - \frac{6}{55} = \frac{5}{55}$.		

DEMONSTRATION. Je dis que $\frac{1}{5} - \frac{2}{11}$ est la même chose que $\frac{9}{11} - \frac{2}{5}$. En effet, $\frac{1}{5}$ provient de $1 - \frac{2}{5}$, et $\frac{2}{11}$ proviennent de $1 - \frac{9}{11}$: donc $\frac{1}{5} - \frac{2}{11}$ est la même chose que $(1 - \frac{2}{5}) - (1 - \frac{9}{11})$; supprimons les parenthèses, nous aurons (*) $1 - \frac{2}{5} - 1 + \frac{9}{11} = - \frac{2}{5} + \frac{9}{11}$ ou $\frac{9}{11} - \frac{2}{5}$, ce qu'il fallait prouver.

(*) Nous verrons dans la seconde partie que, pour retrancher une quantité d'une autre, il faut les joindre ensemble, en changeant les signes de la quantité à soustraire.

Multiplication des Fractions.

101. On peut avoir à multiplier, **1°** une fraction par un nombre entier; **2°** un nombre entier par une fraction; **3°** une fraction par une fraction; **4°** un nombre entier suivi d'une fraction par un nombre entier suivi d'une fraction.

Pour multiplier une fraction par un nombre entier, il faut multiplier son numérateur ou diviser son dénominateur par le nombre entier (75). Ainsi, $\frac{8}{15}$ multipliés par 5 donnent $\frac{40}{15}$ ou $\frac{8}{3}$.

Pour multiplier un nombre entier par une fraction, il faut multiplier le nombre entier par le numérateur de la fraction et diviser le produit par le dénominateur.

Soit proposé de multiplier **18** par $\frac{3}{4}$. Je multiplie d'abord **18** par le numérateur **3**, ce qui me donne **18**$\times$**3**, mais j'ai multiplié par un nombre quatre fois trop grand, **3** étant quatre fois plus grand que $\frac{3}{4}$; j'ai trouvé un résultat quatre fois trop grand, qu'il faut rendre quatre fois plus petit, pour le réduire à sa juste valeur, et ce qui se fait en divisant par **4**, j'ai $\frac{18\times3}{4}$ pour le produit demandé: donc, pour multiplier un nombre entier par une fraction, on doit multiplier le nombre entier par le numérateur et diviser le produit par le dénominateur.

Soit proposé de multiplier $\frac{9}{16}$ par $\frac{5}{6}$. Je multiplie la fraction multiplicande par le numérateur

5 du multiplicateur, et j'obtiens $\frac{9\times5}{16}$; mais j'ai multiplié par un nombre six fois trop grand, et j'ai par conséquent obtenu un résultat six fois trop grand, qu'il faut rendre six fois plus petit, ce que je fais en divisant par six, et j'ai $\frac{9\times5}{16\times6}$: d'où l'on voit que pour multiplier une fraction par une fraction, il faut multiplier numérateur par numérateur et dénominateur par dénominateur.

Si l'une des deux fractions est jointe, ou si toutes deux le sont, à des nombres entiers, il faut réduire le tout en fraction (**91**), ce qui donnera une fraction à multiplier par une fraction.

Ainsi, **12** $\frac{3}{4}$ multipliés par **8** donnent $\frac{51\times8}{4} = \frac{408}{4} = $ **102**; **18** $\frac{1}{2}$ multipliés par **7** $\frac{2}{3}$ donnent $\frac{37\times23}{2\times3} = \frac{851}{6} = $ **141** $+ \frac{5}{6}$.

AUTRE MANIÈRE DE DÉMONTRER LA MULTIPLICATION.

102. Soit proposé de multiplier $\frac{4}{7}$ par $\frac{5}{8}$. Le multiplicateur étant les $\frac{5}{8}$ de l'unité, le produit sera nécessairement les $\frac{5}{8}$ du multiplicande (*), c'est-à-dire, les $\frac{5}{8}$ de $\frac{4}{7}$.

(*) Dans toute multiplication, si le multiplicateur est une fois, ou deux fois, ou trois fois l'unité, etc., le produit est une fois, deux fois, ou trois fois le multiplicande. De même, le multiplicateur étant la moitié, ou le tiers, ou le quart, etc. de l'unité, le produit est la moitié, ou le tiers, ou le quart du multiplicande : de là on dit que la multiplication est une opération par laquelle le produit se compose avec le multiplicande de la même manière que le multiplicateur est composé avec l'unité.

Je divise $\frac{4}{7}$ par 8, afin d'en avoir le huitième, j'ai $\frac{4}{7\times 8}$; je multiplie ce huitième par 5 et j'ai $\frac{4\times 5}{7\times 8}$ pour le produit demandé : donc, etc.

AUTRE MANIÈRE.

103. Soit la fraction $\frac{5}{4}$ à multiplier par $\frac{2}{3}$. Je multiplie la fraction multiplicande par 2, numérateur du multiplicateur, et je divise la fraction multiplicateur par ce nombre, ce qui ne doit changer aucunement le produit (45), j'ai $\frac{5\times 2}{4}$ et $\frac{2}{3\times 2}$. Je divise le nouveau multiplicande par 3, dénominateur du premier multiplicateur, et je multiplie le nouveau multiplicateur par ce nombre, j'ai $\frac{5\times 2}{4\times 3}$ et $\frac{2\times 3}{3\times 2}$: donc le produit de $\frac{5}{4}$ par $\frac{2}{3}$ est le même que celui de $\frac{5\times 2}{4\times 3}$ par $\frac{2\times 3}{3\times 2}$, ou le même que celui de $\frac{5\times 2}{4\times 3}$ par 1 ; puisque $\frac{2\times 3}{3\times 2}=1$. Or, la fraction $\frac{5\times 2}{4\times 3}$ multipliée par 1 donne $\frac{5\times 2}{4\times 3}$: donc le produit de $\frac{5}{4}$ par $\frac{2}{3}$ est égal à $\frac{5\times 2}{4\times 3}$: donc, pour multiplier une fraction par une autre, il faut multiplier numérateur par numérateur, et dénominateur par dénominateur.

Division des Fractions.

104. On peut avoir à diviser 1° une fraction par un nombre entier ; 2° un nombre entier par une fraction ; 3° une fraction par une fraction ; 4° un nombre entier suivi d'une fraction par un nombre entier seulement, ou par un nombre entier suivi d'une fraction.

Pour diviser une fraction par un nombre entier, il faut diviser son numérateur ou multiplier son dénominateur par le nombre entier (75): ainsi $\frac{9}{10}$ divisés par 3 donnent $\frac{3}{10}$ ou $\frac{9}{30}$.

Pour diviser un nombre entier par une fraction, il faut diviser ce nombre par le numérateur de la fraction et multiplier le résultat par le dénominateur.

Soit 12 à diviser par $\frac{5}{6}$. Je divise d'abord 12 par le numérateur 5, ce qui me donne $\frac{12}{5}$; mais j'ai divisé par un nombre six fois trop grand, et j'ai trouvé un résultat six fois trop petit, qu'il faut rendre six fois plus grand, ce qui se fait en multipliant par 6 et j'ai $\frac{12 \times 6}{5}$: d'où l'on voit qu'il faut multiplier le dividende par la fraction diviseur renversée.

Soit $\frac{8}{9}$ à diviser par $\frac{2}{3}$. Je divise d'abord $\frac{8}{9}$ par le numérateur 2, et j'ai $\frac{8}{9 \times 2}$; mais j'ai divisé par un nombre trois fois trop grand; et j'ai trouvé un résultat trois fois trop petit, que je rends trois fois plus grand en multipliant par 3 et j'ai $\frac{8 \times 3}{9 \times 2}$: donc pour diviser une fraction par une fraction, il faut multiplier la fraction dividende par la fraction diviseur renversée.

Si le dividende ou le diviseur, ou même les deux termes de la division, sont des entiers joints à des fractions, il faut réduire tout en fraction et diviser comme il vient d'être dit.

Ainsi, 38 $\frac{2}{3}$ divisé par 12 donne $\frac{116}{3 \times 12} = \frac{116}{36} = 3 + \frac{2}{9}$; 56 divisé par 12 $\frac{2}{5}$ donne $\frac{56 \times 5}{62} = 4 + \frac{16}{31}$; 118 $\frac{3}{4}$ divisé par 15 $\frac{2}{3} = \frac{475 \times 3}{4 \times 47} = \frac{1425}{188} = 7 + \frac{109}{188}$

AUTRE MANIÈRE DE DÉMONTRER LA DIVISION.

105. Soit $\frac{12}{17}$ à diviser par $\frac{5}{6}$. Le diviseur étant les $\frac{5}{6}$ de l'unité, le dividende est les $\frac{5}{6}$ du quotient : donc en divisant $\frac{12}{17}$ par **5**, on a $\frac{12}{17\times5}$ pour le sixième du quotient, et en multipliant ce sixième par **6**, on a $\frac{12\times6}{17\times5}$ pour les six sixièmes du quotient, qui est le quotient en entier. Donc, etc.

AUTRE MANIÈRE.

106. Soit $\frac{3}{4}$ à diviser par $\frac{2}{5}$. Je multiplie le dividende et le diviseur par **5**, dénominateur du diviseur, ce qui ne change aucunement le quotient, et j'ai $\frac{3\times5}{4}$ et $\frac{2\times5}{5}$. Je divise les deux termes de cette nouvelle division par **2**, numérateur du diviseur, et j'ai $\frac{3\times5}{4\times2}$ et $\frac{2\times5}{5\times2}$: donc le quotient de $\frac{3}{4}$ par $\frac{2}{5}$ est le même que celui de $\frac{3\times5}{4\times2}$ par $\frac{2\times5}{5\times2}$, ou le même que celui de $\frac{3\times5}{4\times2}$ par **1** ; puisque $\frac{2\times5}{2\times5}=$ **1**. Or, le quotient de $\frac{3\times5}{4\times2}$ par **1** est $\frac{3\times5}{4\times2}$: donc le quotient de $\frac{3}{4}$ par $\frac{2}{5}$ est $\frac{3\times5}{4\times2}$: donc enfin, pour diviser une fraction par une autre, il faut multiplier la fraction dividende par la fraction diviseur renversée.

107. La preuve de la multiplication des fractions se fait comme celle des nombres entiers, en divisant le produit par le multiplicande, ou par le multiplicateur (**45**).

La preuve de la division se fait aussi en multipliant le diviseur par le quotient, pour retrouver le dividende (**46**).

APPLICATION.

108. Un père voulant rhabiller ses trois enfants, fait appeler un tailleur, pour connaître la quantité d'étoffe qu'il doit acheter. Le tailleur estime qu'il faudrait **4** aunes $\frac{1}{2}$ pour l'aîné ou le premier, **3** aunes $\frac{5}{6}$ pour le second, et **3** aunes $\frac{2}{7}$ pour le troisième. Combien le père doit-il acheter d'aunes d'étoffe? R. **11** aunes $\frac{15}{21}$.

109. Un particulier reçoit **47** livres $\frac{3}{5}$, **118** livres $\frac{2}{3}$, **59** livres $\frac{4}{7}$. Sur cette somme il fait une dépense de **208** livres $\frac{8}{9}$. Combien lui reste-t-il encore? R. **16** livres $\frac{299}{315}$.

110. Trois personnes ont à partager **647** francs $\frac{5}{6}$: la première doit prendre **259** francs $\frac{3}{4}$; la seconde **308** francs $\frac{1}{2}$; et la troisième le reste. On demande quelle est la dernière part? R. **79** francs $\frac{7}{12}$.

111. Trouver le prix de **108** aunes $\frac{3}{4}$ de ruban, à raison de $\frac{5}{6}$ de livre l'aune? R. **90** livres $\frac{5}{8}$.

112. Un négociant voulant quitter le commerce, fait l'estimation de ce que renferme son magasin : il trouve quatre pièces de drap bleu et quatre pièces de drap vert, contenant chacune **60** aunes $\frac{2}{3}$, au prix de **23** livres $\frac{1}{2}$ l'aune; six pièces de drap blanc et quatre pièces de drap jaune, contenant chacune **56** aunes $\frac{3}{5}$, au prix de **12** livres l'aune; cinq pièces de drap noir et deux pièces de drap gris, contenant chacune **80**

aunes, à **15** livres $\frac{5}{7}$ l'aune; **26** pièces de toile, contenant chacune **36** aunes, à raison de **3** livres $\frac{3}{4}$ l'aune. On demande quelle est la valeur de ces marchandises? R. **30507** $\frac{1}{5}$.

OPÉRATIONS.

$\frac{8 \times 182 \times 47}{5 \times 3} = 11405 + \frac{1}{5}$ Prix des **8** pièces de drap bleu et vert.

$\frac{10 \times 285 \times 12}{5} = 6792$ Prix des **10** pièces de drap blanc et jaune.

$\frac{7 \times 80 \times 110}{7} = 8800$ Prix des **7** pièces de drap noir et gris.

$\frac{26 \times 36 \times 15}{4} = 3510$ Prix des **26** pièces de toile.

30507 $\frac{1}{5}$ Somme.

113. Une personne peut dépenser **6** francs $\frac{3}{4}$ par jour; combien peut-elle dépenser par an? R. **2463** francs $\frac{3}{4}$.

Il y a **365** jours dans un an : donc elle dépensera **365** fois **6** francs $\frac{3}{4}$, ce qui donnera la multiplication $\frac{27 \times 365}{4} = \frac{9855}{4} = 2463 + \frac{3}{4}$.

114. Une personne reçoit annuellement **3548** francs $\frac{3}{4}$: combien reçoit-elle par jour? Elle recevra $\frac{14195}{4 \times 365} = \frac{14195}{1460} = 9 + \frac{211}{292}$.

115. Un marchand a du blé de différens prix, savoir : **58** hectolitres $\frac{1}{2}$ à **15** francs $\frac{3}{5}$; **39** hectolitres $\frac{2}{5}$ à **16** francs $\frac{1}{2}$; et **22** hectolitres $\frac{5}{6}$ à **27** fr. $\frac{1}{4}$. Il mêle tout ensemble, afin de ne faire qu'un prix. On demande quel est le prix moyen? R. **18** francs $\frac{1357}{14520}$.

Pour résoudre cette question, il faut calculer

le prix de **58** hectol. $\frac{1}{2}$ à **15** fr. $\frac{3}{5}$ l'hectol., le prix de **39** hectol. $\frac{2}{3}$ à **16** francs $\frac{1}{2}$ l'hectol., le prix de **22** hectol. $\frac{5}{6}$ à **27** francs $\frac{1}{4}$; faire la somme des prix, et diviser cette somme par le nombre total des hectolitres.

OPÉRATIONS.

$$58\,\tfrac{1}{2} \times 15\,\tfrac{3}{5} \text{ ou } \frac{117\times78}{2\times5} = \frac{9126}{10} = 912 + \tfrac{3}{5}.$$
$$39\,\tfrac{2}{3} \times 16\,\tfrac{1}{2} \text{ ou } \frac{119\times33}{3\times2} = \frac{3927}{6} = 654 + \tfrac{1}{2}.$$
$$22\,\tfrac{5}{6} \times 27\,\tfrac{1}{4} \text{ ou } \frac{137\times109}{6\times4} = \frac{14933}{24} = 622 + \tfrac{5}{24}$$
$$2189\,\tfrac{57}{120}.$$

Le nombre d'hectolitres étant **121**, on divisera **2189** $\frac{57}{120}$ par **121**, et on aura $\frac{262717}{120\times121} = 18 + \frac{1357}{14520}$.

116. La livre de café coûte **3** livres $\frac{2}{5}$: combien aura-t-on de livres de café pour **172** livres $\frac{5}{8}$? R. **50** liv. $\frac{105}{136}$.

117. **12** pièces de vin contenant chacune **284** pintes $\frac{1}{2}$ ont coûté **4848** francs : à combien revient la pinte? R. **1** livre $\frac{239}{669}$.

On multipliera **284** $\frac{1}{2}$ par **12**, ce qui donnera $\frac{569\times12}{2}$ et l'on divisera **4848** par ce nombre, on aura $\frac{4848\times2}{569\times12} = \frac{9696}{6828} = 1 + \frac{239}{569}$.

118. **12** mètres $\frac{3}{4}$ d'étoffe ont coûté **854** francs $\frac{5}{6}$: combien doivent coûter **18** mètres $\frac{5}{8}$ de cette même étoffe? R. **1248** $+ \frac{445}{612}$.

$\frac{5129\times4}{6\times51}$, prix d'un mètre d'étoffe.

$\frac{5129\times4\times149}{6\times51\times8} = 1248 + \frac{445}{612}$, prix de **18** mètres.

Fractions décimales.

119. Notre système de numération est un systême décimal, puisque les unités du second ordre sont dix fois plus grandes que les unités du premier ordre, que les unités du troisième ordre sont dix fois plus grandes que les unités du second ordre, et ainsi de suite (9).

mais on a imaginé, en suivant ce même système, des unités d'un ordre inférieur aux unités du premier ordre, puis des unités d'un ordre inférieur à celles-ci, et auxquelles on a donné naturellement les noms de dixièmes, centièmes, millièmes, etc.

Par exemple, les unités immédiatement inférieures aux unités simples, sont des dixièmes; les unités immédiatement inférieures aux dixièmes, étant des dixièmes de dixièmes, sont appelées centièmes; les unités immédiatement inférieures aux centièmes, étant des dixièmes de centièmes, sont appelées millièmes, et ainsi de suite.

120. Voilà l'espèce de nombre qu'on appelle fractions décimales : fractions, parce qu'ils expriment des parties de l'unité; décimales, à cause du système auquel ils sont assujettis. Quant à la position de ces nombres, ils doivent suivre l'ordre prescrit par la numération, c'est-à-dire que les dixièmes doivent être placés immédiatement à la droite des unités; les centièmes à la droite des dixièmes, etc. Voyez la quantité ci-contre.

centaines de mille	dixaines de mille	mille	centaines	dixaines	unités		Dixièmes	Centièmes	Milliêmes	Dix-milliêmes	Cent-milliêmes	Millioniêmes
4	8	7	3	2	8	,	3	4	5	8	3	2

121. Afin de pouvoir distinguer les nombres entiers des fractions décimales, on place un point ou une virgule entre ces deux espèces de nombres, de manière que tout ce qui est à gauche de la virgule exprime des unités entières, et tout ce qui est à droite exprime des fractions décimales.

122. Remarquons que, lorsqu'il n'y a point d'unités avec une fraction décimale, un zéro doit être placé à la gauche de la virgule.

Remarquons encore qu'il ne faut qu'nn seul chiffre pour représenter des dixièmes, deux pour représenter des centièmes, trois pour représenter des millièmes, etc.

Ainsi l'expression 8,7 fait quatre-vingt-sept dixièmes, ou huit unités, sept dixièmes; l'expression 8,54 fait huit cent cinquante-quatre centièmes, ou huit unités cinquante-quatre centièmes; 8,856 fait huit mille huit cent cinquante-six millièmes, ou huit unités huit cent cinquante-six millièmes.

Lorsqu'on veut représenter des centièmes seulement, il faut faire occuper la place des dixièmes par un zéro; et si l'on voulait représenter des millièmes seulement, il faudrait faire occuper par des zéro la place des dixièmes et celle des centièmes.

Ainsi **8,07** fait huit unités, sept centièmes; **8,008** fait huit unités huit millièmes; **17,0012** fait dix-sept unités, douze dix-millièmes.

On voit que pour énoncer une fraction décimale, il faut lire les chiffres significatifs comme ils se présentent, et donner à ce nombre la dénomination de la dernière décimale, c'est-à-dire que, si la dernière décimale exprime des millièmes, toute la fraction décimale exprime des millièmes; la fraction **17,04082** s'énonce ainsi : un million **704** mille **82** cent-millièmes, ou dix-sept unités, quatre mille, quatre-vingt-deux cent-millièmes; parce que la dernière décimale exprime des cent-millièmes.

123. La virgule jouit d'une propriété qu'il est essentiel de connaître : par son déplacement elle peut rendre nne quantité dix, cent, mille, etc., fois plus grande ou plus petite.

Soit par exemple **348**, **362**. Si l'on fait avancer la virgule d'un rang de chiffres vers la droite, chaque chiffre prendra une valeur dix fois plus grande, puisqu'il entrera, par ce changement, dans un ordre supérieur : d'abord les unités se changent en dixaines, les dixaines, en centaines; les centaines, en mille; puis les dixièmes, en unités; les centièmes, en dixièmes; les millièmes, en centièmes; chaque chiffre étant rendu dix fois plus grand, la quantité est rendue dix fois plus grande.

Donc la fraction **5483,62** est dix fois plus grande que **548,362**; **54836,2** est une quantité cent fois plus grande que **548,362**.

Au contraire, si, dans la quantité **548,862**, on recule la virgule d'un chiffre vers la gauche, chaque chiffre entrera dans un ordre inférieur : les unités se changeront en dixièmes; les dixièmes en unités; les centaines, en dixaines; puis les dixièmes, en centièmes; les centièmes, en millièmes; et chaque chiffre étant rendu dix fois plus petit, la quantité est aussi rendue dix fois plus petite.

Donc **54,8326** est une fraction dix fois plus petite que **548,326**; **5,48326** est une fraction cent fois plus petite que **548,326**.

124. Puisque la virgule fixe le rang et la valeur des chiffres décimaux (**121**), il est évident que les zéro qui se trouvent à la droite d'une fraction décimale ne peuvent influer sur sa valeur.

En effet, un chiffre qui exprime des dixièmes, et qui se trouve par conséquent immédiatement à la droite de la virgule, conserve sa position et sa dénomination, quels que soient les zéro qui se trouvent après lui : par exemple **0,8** est la même chose que **0,80**; la même chose que **0,800**; car la première exprime huit dixièmes; la seconde exprime huit dixièmes et zéro centièmes; ce qui se réduit à huit dixièmes, la troisième exprime huit dixièmes, zéro centièmes, et zéro millièmes, ce qui se réduit à huit dixièmes. Donc les zéro mis à la droite d'une fraction décimale sont insignifians.

Mais cependant un dixième est la même chose que dix centièmes, que cent millièmes, etc. : donc les expressions huit dixièmes, quatre-vingt centièmes, huit cent millièmes, sont équivalentes.

125. Puisqu'il est permis d'ajouter à la droite d'une fraction décimale autant de zéro que l'on veut, on pourra aussi les supprimer à l'occasion.

126. Dans le calcul des fractions décimales, il y a, comme dans les nombres entiers, l'addition, la soustraction, la multiplication et la division, qui se font de la même manière, puisque ces opérations reposent sur les mêmes principes.

Addition.

127. Il faut placer les quantités les unes sous les autres, de manière que les unités soient sous les unités, les dixaines sous les dixaines, etc. ; les dixièmes sous les dixièmes, les centièmes sous les centièmes, etc., et commencer l'addition par les unités du plus petit ordre.

EXEMPLES.

48768,7684	8043,768
14521,01764	704,2545
3284,008	1043,0008
23478,54325	168,325
7843,78476	7418,84
97896,12205	17378,1883

Soustraction.

128. On doit placer les quantités les unes sous les autres, comme il vient d'être dit pour l'addition, et commencer l'opération par les unités du plus petit ordre.

Mais il peut arriver que l'une des deux quantités se trouve avoir plus de décimales que l'autre : dans cette supposition, on ajoute à la droite de la quantité qui en a le moins, autant de zéro qu'il en faut pour qu'il y ait autant de décimales dans l'une que dans l'autre.

EXEMPLES.

4763,5342	856,3200	587,64326
2858,9837	289,5043	308,45000
1904,5505	566,8157	279,19326

EXPLICATION. Dans la seconde soustraction, il n'y avait que deux décimales à la quantité supérieure, et quatre à la quantité inférieure; j'ai ajouté deux zéro à la droite de la première fraction, ce qui m'a donné **856,3200** au lieu de **856,32**.

Dans la troisième soustraction, c'est à la quantité inférieure que j'ai dû ajouter trois zéro, parce que cette quantité n'avait que deux décimales, et que l'autre en a cinq.

Multiplication.

129. Pour opérer la multiplication des fractions décimales, il faut multiplier le multiplicande par le multiplicateur sans avoir égard à la virgule, et séparer, à la droite du produit, autant de chiffres qu'il y a de décimales dans les deux termes de la multiplication.

EXEMPLES.

```
 432,545        64,52       0,0084
  12,56          0,32       0,0031
 -------       ------      -------
  2595258       12904           84
 2162715       19356           252
 865086        -------   ----------
432545         20,6464   0,00002604
---------
5432,74008
```

DÉMONSTRATION DU PREMIER EXEMPLE.

En faisant abstraction de la virgule dans le multiplicande, on le rend mille fois plus grand, et en faisant abstraction de la virgule dans le multiplicateur, on le rend cent fois plus grand; ce qui fait que le produit devient cent mille fois trop grand : il faut donc le rendre cent mille fois plus petit; et c'est ce qui se fait, en séparant cinq chiffres sur sa droite, c'est-à-dire, autant de chiffres qu'il y a de décimales au multiplicande et au multiplicateur.

Lorsque le produit ne renferme pas autant de chiffres qu'il y a de décimales au multiplicande et au multiplicateur, il faut alors ajouter à sa gauche un nombre suffisant de zéro, pour égaler ce nombre. (Voyez le 3e exemple).

Division.

130. Si les deux termes de la division ont le même nombre de décimales, on fait abstraction de la virgule, et l'on divise le dividende par le diviseur, comme s'ils étaient des nombres entiers.

Mais si l'un des deux termes a moins de décimales que l'autre, on lui ajoute un nombre de zéro suffisant, pour qu'ils aient autant de décimales l'un que l'autre, et l'on divise comme il vient d'être dit.

Ainsi, pour diviser **158,36** par **84,56**, il faut diviser **15836** par **8456**; pour diviser **176,324** par **82,4**, on ajoute deux zéro au diviseur, et l'on divise **176324** par **82400**.

DÉMONSTRATION. Dans la première division, la suppression de la virgule rend le dividende et le diviseur cent fois plus grands (**128**): donc le quotient ne change pas de valeur.

Dans la seconde division, la suppression de la

virgule rend le dividende et le diviseur mille fois plus grands : donc le quotient reste le même.

151. Lorsqu'on a trouvé le quotient en entiers de deux quantités, si l'on veut obtenir des décimales, il faut ajouter un zéro à la droite du reste et continuer la division par le même diviseur, ayant soin de placer une virgule immédiatement après les unités simples du quotient, pour obtenir des dixièmes ; en ajoutant un zéro à la droite du second reste pour obtenir des centièmes, etc. : soit proposé, par exemple, de diviser 497,584 par 53,8.

Le dividende ayant trois décimales et le diviseur une, j'ajoute deux zéro à la droite de ce dernier, je fais abstraction de la virgule et je divise 497584 par 53800.

OPÉRATION.

497584	53800
133840	9,248.
262400	
472000	
41600.	

EXPLICATION. Je trouve 9 entiers au quotient, avec un reste 13384; et comme le dividende n'a plus de chiffres à descendre, j'ajoute un zéro au reste, ce qui est la même chose que de le multiplier par 10, ou la même chose que de réduire le reste en unités dix fois plus petites ou en dixièmes, j'ai donc 133840, que je divise par

53800. Le quotient est 2 dixièmes, et le reste 26240, à côté duquel j'ajoute un zéro pour le réduire en centièmes. Je divise 262400 par 53800, et je trouve 4 centièmes. Enfin, en ajoutant un zéro au dernier reste trouvé, et effectuant la division, je trouve 8 millièmes.

On pourrait, en continuant, obtenir des dix-millièmes, des cent-millièmes, etc.

132. Soit proposé de diviser 16,52 par 24,8. Ayant ajouté un zéro à la droite du diviseur, et supprimé les virgules de part et d'autre, on divisera 1652 par 2480, le quotient sera 0,658.

Soit 0,548 à diviser par 0,0425. Ayant ajouté un zéro au dividende, et supprimé les virgules, on divisera 5480 par 425 : car le dividende et le diviseur, par la suppression de la virgule, étant des nombres entiers, les zéro qui se trouvent à leur gauche sont insignifiants. On trouvera pour quotient 12,894.

RÉDUCTION D'UNE FRACTION ORDINAIRE EN FRACTION DÉCIMALE, ET D'UNE FRACTION DÉCIMALE EN FRACTION ORDINAIRE.

133. Puisque la réduction d'une fraction à un nouveau dénominateur consiste à trouver le numérateur (88), et que les fractions décimales n'ont pas de dénominateurs exprimés, il en résulte que, pour réduire une fraction ordinaire en fraction décimale, il faut multiplier son numérateur par dix, pour la réduire en dixièmes; par cent, pour la réduire en centièmes; par mille, pour la réduire en millièmes, etc., et diviser le produit par le dénominateur de la fraction.

Ainsi, la fraction $\frac{8}{15}$ réduite en dixièmes, donne $\frac{8\times10}{15}=$ **0,5** avec un reste que l'on néglige. La même fraction, réduite en centièmes, donne $\frac{8\times100}{15}=$ **0,53** avec un reste que l'on néglige encore.

En général, pour réduire une fraction ordinaire en fraction décimale, il faut ajouter à la droite du numérateur autant de zéro que l'on veut avoir de décimales au quotient, et diviser le numérateur par le dénominateur.

134. Pour réduire une fraction décimale en fraction ordinaire, il suffit de donner à cette fraction décimale le dénominateur qu'elle exprime, c'est-à-dire de lui donner **10** pour dénominateur, si elle exprime des dixièmes; **100** pour dénominateur, si elle exprime des centièmes, etc. Ainsi, la fraction **0,484** réduite en fraction ordinaire, donne $\frac{484}{1000}=\frac{121}{250}$; la fraction **0,0084** donne $\frac{84}{10000}=\frac{21}{2500}$.

Fractions décimales périodiques.

135. On appelle fraction décimale périodique, une suite de chiffres décimaux qui se représentent continuellement de la même manière : la fraction $\frac{1}{3}$, réduite en décimale, donne **0,3333** à l'infini; la fraction $\frac{4}{33}$ donne **0,121212** à l'infini, et ces fractions décimales sont dites périodiques.

136. Une fraction périodique ne peut donc pas égaler la fraction ordinaire d'où elle dérive, puisque l'opération qui l'a produite ne peut jamais se terminer, aussi loin que l'on puisse la pousser.

Il est donc impossible, par la règle générale (133), de ramener exactement une fraction décimale périodique en fraction ordinaire ; mais on a trouvé un moyen d'y parvenir, et voici comment : on a réduit successivement les fractions $\frac{1}{9}$, $\frac{1}{99}$, $\frac{1}{999}$, etc., qui ont toutes l'unité pour numérateur, et un ou plusieurs **9** pour dénominateur, en fractions décimales. On a trouvé que $\frac{1}{9}$ = **0,1111**, etc. ; $\frac{1}{99}$ = **0,0101**, etc. ; $\frac{1}{999}$ = **0,001001**, etc. On a alors aperçu que toute fraction périodique pouvait être réduite en fraction ordinaire, en prenant les chiffres de la période pour numérateur, et donnant pour dénominateur autant de **9** que la période a de chiffres.

En effet, la fraction **0,3333**, etc., qui n'a qu'un chiffre, étant trois fois plus grande que la fraction **0,1111**, etc., appartient nécessairement à une fraction ordinaire trois fois plus grande que $\frac{1}{9}$: donc elle vaut $\frac{3}{9} = \frac{1}{3}$.

La fraction **0,314314**, etc., qui a trois chiffres, est **314** fois plus grande que **0,001001**, etc. : donc elle appartient à une fraction **314** fois plus grande que $\frac{1}{999}$: donc **0,314314** = $\frac{314}{999}$.

Cela suffit pour faire voir comment on ramène une fraction périodique à la fraction ordinaire d'où elle dérive : si la fraction n'a qu'un seul chiffre pour période, il faut la comparer à la fraction 0,1111, etc., qui n'en a qu'un aussi; si la fraction à réduire a deux chiffres, il faut la comparer à la fraction **0,0101**, etc.; si elle a trois chiffres, il faut la comparer à la fraction **0,001001**, etc.

137. Il arrive souvent que la période ne se présente qu'après avoir obtenu quelques chiffres au quotient : il faut, dans cette circonstance, faire deux fractions, l'une de ce qui est période, et l'autre de ce qui ne l'est pas; donner aux chiffres qui ne font point partie de la période le dénominateur qui leur convient (**134**); donner pareillement aux chiffres de la période le dénominateur qui leur convient, en mettant à la droite du dénominateur autant de zéro que la fraction décimale primitive a de chiffres qui ne font point partie de la période, réduire les deux fractions au même dénominateur, et en faire la somme.

Soit, par exemple, **0,483131**, à réduire en fraction ordinaire.

Les deux premiers chiffres, qui ne font point partie de la période, donnent $\frac{48}{100}$, et les chiffres de la période qui donneraient $\frac{31}{99}$ s'ils étaient des centièmes d'unités, donneront $\frac{31}{9900}$, puisqu'ils expriment des dix-millièmes.

Je réduis les fractions au même dénominateur, j'ai $\frac{475200}{990000}$ et $\frac{31}{990000}$, dont la somme est $\frac{478300}{990000} = \frac{4783}{9900}$.

138. Lorsqu'on réduit une fraction ordinaire en fraction décimale, et que, toute réduction faite, le dénominateur ne renferme pas d'autre facteur que **2** ou **5**, le quotient que donne le numérateur par le dénominateur est limité, c'est-à-dire qu'il n'y a point période.

En effet, quel que soit le numérateur de la fraction à réduire, on peut toujours obtenir un quotient limité, lorsque le dénominateur est une puissance quelconque de **2** ou une puissance quelconque de **5**; car, si le dénominateur est une troisième puissance de **2**, ou une troisième puissance de **5**, il suffira que le numérateur soit suivi de trois zéro, pour que la division se fasse exactement (**72**); si le dénominateur est une quatrième puissance de **2** ou de **5**, il suffira que le numérateur soit suivi de quatre zéro ; et pareillement si le dénominateur est une puissance quelconque de **2** ou de **5**, il suffira que le numérateur soit suivi d'un nombre de zéro égal à l'exposant (**1**) de la puissance à laquelle le dénominateur est élevé.

Si le dénominateur est une puissance quelconque de **2** multipliée par une puissance quelconque de **5**, la division se fera encore exac-

---

(1) Un exposant est un nombre qui indique à quelle puissance une quantité est élevée ou doit être élevée.

Dans $4 \times 1 = 4$, l'exposant est un; dans $4 \times 4 = 16$, l'exposant est deux, dans $4 \times 4 \times 4 = 64$, l'exposant est trois, etc.

tement; car ce produit se réduira à une puissance quelconque de **2** ou de **5**, suivie d'un ou de plusieurs zéro.

139. Mais si toute réduction faite, le dénominateur renferme un autre facteur que **2** ou **5**, le quotient est illimité, c'est-à-dire que la fraction est périodique.

A cet effet, observons **1°** qu'à l'exception des nombres **2** et **5**, aucun nombre premier ou multiple de nombre premier ne peut diviser exactement les nombres **10**, **100**, **1000**, etc.; **2°** que tout nombre qui n'est ni puissance de **2**, ni puissance de **5**, est un nombre premier ou un multiple de nombre premier.

Donc, toute fraction ayant l'unité pour numérateur, donne une période lorsque son dénominateur renferme tout autre facteur que **2** ou **5**.

Et comme tous les nombres sont des multiples de l'unité, il s'ensuit que ce qu'on vient de dire, s'applique également aux fractions qui ont un numérateur quelconque.

Fractions continues.

140. En divisant par **25** les deux termes de la fraction irréductible $\frac{25}{29}$, on obtient $\cfrac{1}{1+\cfrac{4}{25}}$; en divisant par **4** les deux termes de la fraction $\frac{4}{25}$

on a $\frac{1}{6+\frac{1}{4}}$; de manière que $\frac{25}{29}=\frac{1}{1+\frac{1}{6+\frac{1}{4}}}$.

Cette suite de fractions, dont la deuxième accompagne le dénominateur de la première ; la troisième, le dénominateur de la seconde ; la quatrième, le dénominateur de la troisième, etc. ; est une fraction continue.

141. On peut remarquer que le numérateur de chaque fraction est toujours l'unité, et que le dénominateur est toujours un nombre entier suivi d'une fraction, excepté le dernier dénominateur qui n'est point suivi de fraction.

142. Pour réduire une fraction ordinaire en fraction continue, il faut diviser ses deux termes par son numérateur : on trouve une fraction dont le dénominateur est accompagné d'une fraction. On divise les deux termes de la fraction qui accompagne le dénominateur par son numérateur ; et, si le dénominateur de la fraction trouvée est encore suivi d'une fraction, il faut diviser les deux termes de cette fraction par son numérateur et continuer ainsi jusqu'à ce que la fraction ait un nombre entier seulement pour dénominateur,

143. Puisque les numérateurs de ces fractions sont toujours l'unité, la réduction d'une fraction irréductible en fraction continue consiste à trouver les dénominateurs.

On trouve le premier dénominateur en divisant le dénominateur de la fraction à réduire par son numérateur ; le quotient du numérateur par le reste donne le second dénominateur ; le quotieut du premier reste par le second donne le troisième dénominateur, etc. Soit proposé de réduire $\frac{253}{487}$ en fraction continue. Je dispose les deux termes de la fraction comme on le voit ci-dessous, et j'opère comme si je cherchais le plus grand diviseur commun.

OPÉRATION.

487	253	234	19	6	1
	1	1	12	3	6

Les quotiens 1, 1, 12, 3 et 6 sont les dénominateurs de la fraction continue démandée : donc on a

$$\frac{253}{487}=\cfrac{1}{1+\cfrac{1}{1+\cfrac{1}{12+\cfrac{1}{3+\cfrac{1}{6}}}}}$$

144. Pour revenir d'une fraction continue à la fraction ordinaire d'où elle dérive, il faut détacher de la série les deux dernières fractions intégrantes, et les considérer comme n'en faisant qu'une seule, dont le numérateur est l'unité, et le dénominateur un nombre entier suivi d'une fraction; réduire ce dénominateur tout en fraction, ce qui donnera pour les deux fractions détachées une nouvelle fraction dont le numérateur sera l'unité, et le dénominateur une fraction; effectuer la division de l'unité par la fraction, et substituer le résultat trouvé aux deux fractions qui ont été détachées; continuer ainsi de détacher les deux dernières fractions, et faire les réductions et substitutions, comme il vient d'être dit, jusqu'à ce que la fraction continue soit ramenée à son premier état.

Soit $\cfrac{1}{1+\cfrac{1}{3+\cfrac{1}{4+\cfrac{1}{3}}}}$ à réduire en fraction ordinaire. Je détache les deux dernières fractions $\cfrac{1}{4+\cfrac{1}{3}}$, je réduis le dénominateur $4+\frac{1}{3}$ tout en fraction, et je trouve $\frac{13}{3}$: donc $\cfrac{1}{4+\cfrac{1}{3}}=\cfrac{1}{\cfrac{13}{3}}$; et en divisant 1 par $\frac{13}{3}$, j'ai $\frac{1\times3}{13}=\frac{3}{13}$.

Je substitue cette fraction $\frac{3}{13}$ à la place de $\cfrac{1}{4+\cfrac{1}{3}}$, et il en résulte que la fraction primitive devient $\cfrac{1}{1+\cfrac{1}{5+\cfrac{3}{13.}}}$

Les deux dernières fractions de cette nouvelle série sont $\cfrac{1}{5+\cfrac{3}{13}}=\cfrac{1}{\frac{68}{13}}=\frac{13}{68}$, et la fraction primitive devient $\cfrac{1}{1+\cfrac{13}{68.}}$

Enfin, les deux fractions restantes étant réduites donnent $\cfrac{1}{\frac{81}{68}}=\frac{68}{81}$, d'où il résulte que

$$\cfrac{1}{1+\cfrac{1}{5+\cfrac{1}{4+\cfrac{1}{3}}}}=\frac{68}{81}$$

145. Il est à remarquer que, dans toutes les fractions continues, la première fraction intégrante est plus grande que la première et la seconde ensemble ; la première et la seconde sont plus petites que la première, la seconde et la troisième ensemble ; la première, la seconde et la troisième, plus grandes que la première, la seconde, la troisième et la quatrième ensemble, et

ainsi des autres ; en sorte que l'on a

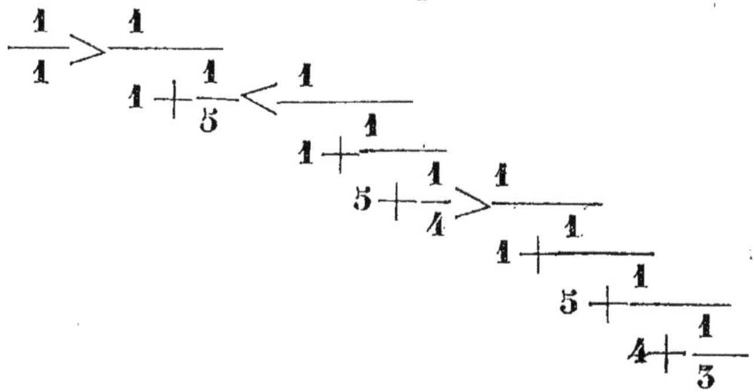

$$\frac{1}{1} > \frac{1}{1+\frac{1}{5}} < \frac{1}{1+\frac{1}{5+\frac{1}{4}}} > \frac{1}{1+\frac{1}{5+\frac{1}{4+\frac{1}{3}}}}$$

DÉMONSTRATION.

La première a pour dénominateur l'unité, et la seconde a un dénominateur plus grand que l'unité : donc la première est la plus grande.

La deuxième fraction a pour dénominateur l'unité suivie de $\frac{1}{5}$, et la troisième a aussi pour dénominateur l'unité, mais suivie d'une fraction plus petite que $\frac{1}{5}$, puisque $\frac{1}{5} > \frac{1}{5+\frac{1}{4}}$: donc la deuxième est plus petite que la troisième, ayant un dénominateur plus grand.

La troisième a pour dénominateur l'unité suivie de la fraction $\frac{1}{5+\frac{1}{4}}$; la quatrième a aussi pour dénominateur l'unité, mais suivie d'une fraction plus grande que $\frac{1}{5+\frac{1}{4}}$, puisque

$$\frac{1}{3+\frac{1}{4}} < \frac{1}{3+\frac{1}{4+\frac{1}{3}}}$$

: donc la troisième est plus grande que la quatrième, ayant un plus petit dénominateur.

Nombres Complexes.

146. Le tems se divise en siècles, lustres, années, mois, jours, etc. Le siècle est de cent ans; le lustre, de cinq ans; l'année, de douze mois ou de trois cent soixante cinq jours environ; le mois est de **31**, **30**, **29** ou **28** jours, mais dans le commerce on lui donne **30** jours.

La semaine est de sept jours, le jour de vingt-quatre heures, l'heure de soixante minutes, la minute de soixante secondes, etc.

La livre, ancienne unité monétaire, se divise en vingt parties égales qu'on appelle sous; le sou en douze parties égales qu'on appelle deniers.

La toise, ancienne unité de longueur, se divise en pieds, pouces, lignes, points: la toise vaut six pieds; le pied, douze pouces; le pouce, douze lignes; la ligne, douze points.

La livre, ancienne unité de poids, vaut deux marcs; le marc, huit onces; l'once, huit gros; le gros, trois deniers ou scrupules; et le scrupule, vingt-quatre grains et vingt grains chez les orfèvres.

Ces nombres de même espèce, mais de différentes valeurs et tous fractions les uns des autres, sont des nombres complexes.

147. Il est souvent nécessaire de réduire les espèces inférieures d'un nombre complexe en fraction ordinaire ou en fraction décimale, et réciproquement de réduire une fraction ordinaire ou une fraction décimale en espèces inférieures de nombre complexe.

Pour réduire en fraction ordinaire les espèces inférieures d'un nombre complexe, il faut donner à chaque espèce le dénominateur qui lui convient, réduire les fractions qui en résultent au même dénominateur, et en faire la somme. Ainsi, supposons qu'un nombre quelconque de livres tournois soit suivi de $6^s\ 5^d$; ces espèces inférieures donneront $\frac{6}{20}$ et $\frac{5}{240}$ ou $\frac{5}{10}$ et $\frac{1}{80}$ ou $\frac{24}{80}+\frac{1}{80}=\frac{25}{80}=\frac{5}{16}$.

5 pieds 8 pouces 4 lignes donnent $\frac{5}{6}+\frac{8}{72}+\frac{4}{864}$ ou $\frac{5}{6}+\frac{1}{9}+\frac{1}{216}$ ou enfin $\frac{180}{216}+\frac{24}{216}+\frac{1}{216}=\frac{205}{216}$.

148. Pour réduire les espèces inférieures d'un nombre complexe en fraction décimale, il faut réduire ces espèces inférieures en fraction ordinaire, puis diviser numérateur par dénominateur. Ainsi, 17 sous 8 deniers réduits en fraction décimale, donnent $\frac{17}{20}+\frac{8}{240}=\frac{17}{20}+\frac{1}{30}=\frac{51}{60}+\frac{2}{60}=\frac{53}{60}=$**0,8833.**

De même, 4 pieds 6 pouces 9 lignes donnent

$\frac{4}{6}+\frac{6}{72}+\frac{9}{864}=\frac{2}{3}+\frac{1}{12}+\frac{1}{96}=\frac{64}{96}+\frac{8}{96}+\frac{1}{96}$ $=\frac{73}{96}=$ **0,7604.**

149. Pour réduire une fraction ordinaire en espèces inférieures d'un nombre complexe, il faut multiplier son numérateur par **20**, si l'on veut la réduire en sous; par **240**, si l'on veut la réduire en deniers, et diviser ensuite numérateur par dénominateur. Multiplier par **6** pour réduire en pieds; par **72** pour réduire en pouces; par **864** pour réduire en lignes, et diviser numérateur par dénominateur. Ainsi, $\frac{5}{6}$ de livres réduits en sous donnent $\frac{5 \times 20}{6}=\frac{100}{6}=$ **16** $+\frac{2}{3}$.

La même fraction réduite en deniers donne $\frac{5 \times 240}{6}=\frac{1200}{6}=$ **200.** $\frac{5}{7}$ de toise réduits en pieds donnent $\frac{5 \times 6}{7}=\frac{30}{7}=$ **4** $+\frac{2}{7}$. La même fraction réduite en pouces donne $\frac{5 \times 72}{7}=\frac{360}{7}=$ **51** $+\frac{3}{7}$.

150. Pour réduire une fraction décimale en espèces inférieures d'un nombre complexe, il faut la réduire en fraction ordinaire, puis opérer comme il vient d'être dit. Ainsi, soit proposé de réduire en sous et deniers la fraction décimale **0,536.** Je la réduis en fraction ordinaire, je trouve $\frac{536}{1000}=\frac{67}{125}$, que je réduis en deniers, et j'ai $\frac{67 \times 240}{125}=\frac{16080}{125}=$ **128** deniers $+\frac{16}{25}$ ou **10**^{s} **8**$^{d}+\frac{16}{25}$.

ADDITION DES NOMBRES COMPLEXES.

151. Les quantités à ajouter doivent être placées les unes sous les autres, de manière que les unités de même espèce se trouvent dans la même colonne.

EXEMPLES.

lb.	s	d		t	p.ds	pc.	l
584	15	8 $\frac{1}{3}$		56	3	8	2
76	8	10 $\frac{3}{4}$		14	4	10	6
1045	17	6 $\frac{1}{3}$		243	0	1	7
34	8	3 $\frac{2}{7}$		32	5	9	5
281	10	2 $\frac{2}{3}$		7	3	1	6
1708	0	5 $\frac{1}{2}$		102	1	6	1
3729	1	0 $\frac{75}{84}$		458	1	1	3

EXPLICATION DU PREMIER EXEMPLE.

La somme des fractions est $2+\frac{75}{84}$. Je pose $\frac{75}{84}$ sous les fractions, et reporte 2 deniers à la colonne des deniers. La somme des deniers, y compris les deux deniers que renfermaient les fractions, est 36 : je pose zéro sous la colonne des deniers, et reporte 3 à la colonne des sous.

Je fais la somme des sous : elle est 61 ou 3 livres un sou; je pose 1 sous et reporte 3 livres à la colonne des unités de livres. Je continue l'addition, et je trouve 3729 ^{lb} 1 ^{s} 0^{d} $+\frac{75}{84}$.

Soustraction des Nombres Complexes.

152. Il y a la même attention à avoir que pour l'addition.

EXEMPLES.

lb.	s	d		ans	m	j	h.
56	15	8 $\frac{1}{2}$		57	11	16	15
12	18	4 $\frac{3}{4}$		18	8	20	18
43	17	3 $\frac{3}{4}$		39	2	25	21

EXPLICATION DU DEUXIÈME EXEMPLE.

Comme je ne puis ôter **18** heures de **15**, je prends un jour sur le nombre **16**, dans la plus grande quantité; je réduis ce jour en heures que j'ajoute au nombre **15**, ce qui fait **39**; je fais la soustraction, et je trouve **21** pour reste.

La soustraction des jours n'est pas encore possible, puisque le nombre inférieur est plus grand que le nombre supérieur qui lui correspond; mais je prends sur le **11** un mois que je réduis en jours, j'ajoute **30** jours au nombre **15**, ce qui fait **45**; j'ôte **20** de **45**, et il reste **25**.

Je fais la soustraction des mois, et je trouve **2** pour reste.

Enfin, la soustraction des années donne **39** pour reste, et il résulte que le reste total est **39** ans **2** mois **25** jours **21** heures.

APPLICATION.

153. Une personne née le **8** septembre **1794** est morte le **12** mai **1820** : combien a-t-elle vécu d'années?

R. **25** ans **8** mois **4** jours (**50**).

OPÉRATION.

ans	m	j
1820	**4**	**12**
1794	**8**	**8**
25	**8**	**4**

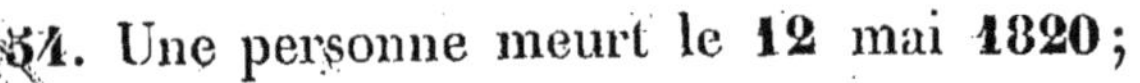

154. Une personne meurt le **12** mai **1820**;

elle a vécu **25** ans **8** mois **4** jours : quel est le jour de sa naissance ? R. le **8** septembre **1794**.

OPÉRATION.

ans	m	j
1820	**4**	**12**
25	**8**	**4**
1794	**8**	**8**

155. Une personne est née le **8** septembre **1794** ; elle a vécu **25** ans **8** mois **4** jours : en quelle année est-elle morte ? R. le **12** mai **1820**.

OPÉRATION.

1794	**8**	**8**
25	**8**	**4**
1820		**12**

Multiplication des Nombres Complexes.

156. Dans le cours d'une multiplication de nombres complexes, on a souvent besoin de prendre le dixième, les deux dixièmes, etc. ; le vingtième, le quarantième, etc. d'un nombre exprimant des livres.

Je vais, avant d'aller plus loin, indiquer le moyen d'abréger ces opérations.

Nous avons vu (**123**) que, pour avoir le dixième d'un nombre, il suffit de séparer un chiffre vers la droite : c'est ainsi, par exemple, que le dixième de **457** est **45,7** ; mais, si le nombre **457** exprime des livres, le chiffre séparé exprime des dixièmes de livre ; et l'on sent bien qu'il faudrait doubler ce chiffre, si l'on voulait qu'il n'exprimât que des vingtièmes de livre. Donc, pour avoir le dixième d'un nombre exprimant des livres, et obtenir des sous pour subdivision, il faut séparer un chiffre sur la droite du nombre et doubler ce chiffre séparé.

Il s'ensuit que, pour avoir les deux dixièmes, les trois dixièmes, etc. d'un nombre exprimant des livres, il faut multiplier par **2**, **3**, etc., le résultat d'un dixièmes. Ainsi, les sept dixièmes de **457** sont **45,7** $\times$ **7** = **319,9** = **319**[lb] **18**[s].

Il suit encore que, pour avoir le vingtième d'un nombre de livres, il faut, après avoir séparé un chiffre, prendre la moitié du nombre à gauche, et laisser le chiffre à droite tel qu'il est.

Ainsi, le vingtième de **3564** livres est **178**[lb] **4**[s] et le vingtième de **2473** est **123**[lb] **13**[s].

Pour avoir le quarantième, il faut prendre le quart du nombre à gauche de la virgule, et la moitié du chiffre à droite.

Ainsi, le quarantième de **5848** livres est **146**[lb] **4**[s] ; le quarantième de **4752**[lb] est **118**[lb] **16**[s] ; le quarantième de **57317** est **1432**[lb] **18**[s] **6**[d].

137. L'aune d'une certaine étoffe coûte **36**[lb] **16**[s]

8^d, on voudrait savoir ce que coûteront 346 aunes de la même étoffe.

OPÉRATION.

lb	s	d
56	16	8
346		
12744	6	8

EXPLICATION. Le multiplicateur étant 346 fois l'unité, le produit sera 346 fois le multiplicande. Mais ce multiplicande est composé de trois parties : de livres, de sous et de deniers : donc la multiplication doit se faire en trois fois ; 1° en multipliant les deniers par tout le multiplicateur, et extrayant les sous qui s'y trouvent renfermés ; 2° en multipliant les sous par le multiplicateur, y ajoutant ceux provenant de la multiplication des deniers, et extrayant les livres qui s'y trouvent renfermées ; 3° en multipliant les livres par le multiplicateur, et y ajoutant celles qui proviennent de la multiplication des sous.

Par la première opération, je trouve $8^d \times 346 = 2768^d = 230^s\ 8^d$, je pose 8 deniers et retiens 230 sous pour les ajouter au produit suivant.

Par la seconde opération, j'ai $16^s \times 346 + 230 = 5766 = 288^{lb}\ 6^s$, je pose 6 sous et retiens 288 livres.

Par la troisième opération, j'ai $56 \times 346 +$

288 = 12744 : donc le produit demandé est 12744^{lb} 6^{s} 8^{d}.

AUTRE MANIÈRE DE MULTIPLIER.

lb	s	d
36	16	8
346		
221	0	0
1475	6	8
11050	0	0
12744	6	8

EXPLICATION. Je multiplie tout le multiplicande par les unités du multiplicateur.

En multipliant les deniers, j'ai 8 × 6 = 48 deniers qui font 4 sous ; je pose zéro deniers, et retiens 4 sous.

En multipliant les sous, j'ai 16 × 6 + 4 = 100 sous ou 5 livres ; je pose zéro sous, et retiens 5 livres.

En multipliant les livres, j'ai 36 × 6 + 5 = 221 livres ; donc, le premier produit partiel est 221^{lb} 0^{s} 0^{d}.

Je multiplie tout le multiplicande par les dixaines du multiplicateur ; mais au lieu de multiplier par 40, comme cela devrait être, j'imagine un zéro à la droite de chaque partie du multiplicande, et je multiplie par 4.

En multipliant les deniers, j'ai 80 × 4 = 320 deniers qui font 26 sous 8 deniers ; je pose 8 deniers et retiens 26 sous.

En multipliant les sous, j'ai 160 × 4 + 26 = 666 sous ou 33 livres 6 sous ; je pose 6 sous et retiens 33 livres.

En multipliant les livres, j'ai 360 × 4 + 33 = 1473 livres : donc, le second produit partiel est 1473^{lb} 6^{s} 8^{d}.

Je multiplie tout le multiplicande par les centaines du multiplicateur ; mais j'imagine deux zéro à la droite de chaque partie du multiplicande, et je multiplie par 3.

En multipliant les deniers, j'ai 800 × 3 = 2400 deniers ou 200 sous ; je pose zéro deniers, et retiens 200 sous.

En multipliant les sous, j'ai 1600 × 3 + 200 = 5000 = 250 livres ; je pose zéro sous, et retiens 250 livres.

En multipliant les livres, j'ai 3600 × 3 + 250 = 11050 livres : donc, le troisième produit partiel est 11050^{lb} 0^{s} 0^{d}, et le produit total est 12744^{lb} 6^{s} 8^{d}.

AUTRE MANIÈRE.

lb	s	d
36	16	8
346		
216		
144		
108		
173		
86	10	
17	6	
8	13	
2	17	8
12744	6	8

EXPLICATION. Au lieu de commencer l'opération par la droite, je la commence par la gauche.

Je multiplie **36** par **346**, et j'obtiens les produits **216**, **1440**, **10800**. Cela fait, j'observe que multiplier **16** sous par **346**, c'est prendre les $\frac{16}{20}$ de **346** ; mais $\frac{16}{20}=\frac{10}{20}+\frac{5}{20}+\frac{1}{20}$ ou $\frac{1}{2}+\frac{1}{4}+\frac{1}{20}$: donc, pour multiplier **16** sous, il faut prendre la moitié, le quart et le vingtième du multiplicateur, ce qui donne les trois résultats suivants : **173**^{lb} **0**^{s} **0**^{d}, **86**^{lb} **10**^{s} o^{d}, **17**^{lb} **6**^{s} **0**^{d}.

De même, pour multiplier **8** deniers par **346**, il faut prendre les $\frac{8}{240}$ ou le $\frac{1}{40}$ et le $\frac{1}{120}$ de ce nombre, car $\frac{8}{240}=\frac{6}{240}+\frac{2}{240}=\frac{1}{40}+\frac{1}{120}$.

Le quarantième de **346** est (**156**) **8**^{lb} **13**^{s} **0**^{d} ; le cent-vingtième est **2**^{lb} **17**^{s} **8**^{d}. Je réunis tous les produits partiels, j'ai **12744**^{lb} **6**^{s} **8**^{d}.

Au lieu de prendre le quarantième et le cent vingtième du multiplicateur, pour **8** deniers, on aurait pu prendre la moitié de **17**^{lb} **6**^{s} qui est le produit d'un sou, puis prendre le tiers de cette moitié.

158. D'après le procédé employé dans la multiplication précédente, on voit que pour multiplier les subdivisions du multiplicande, il faut décomposer les sous et deniers en parties aliquotes de l'unité principale. Par exemple, si l'on avait **18** sous, on décomposerait ce nombre en **10**+**5**+**2**+**1**, ce qui donnerait la moitié, le quart, le dixième et le vingtième du multiplicateur.

En général, pour un sou, on prend le vingtième du multiplicateur; pour deux sous, le dixième; pour trois sous, le dixième et le vingtième; pour quatre sous, le cinquième; pour cinq sous, le quart; etc. : pour un denier, on prend le deux cent quarantième; pour deux deniers, le cent vingtième; pour six deniers, le quarantième, etc.; mais il est plus facile, comme je viens de le faire remarquer, de prendre les deniers dans le produit d'un sou, ou dans le produit de deux sous.

AUTRE MANIÈRE.

lb	s	e
36	16	8
346		
216		
144		
108		
276	16	
17	6	
8	13	
2	17	8
12744	6	8

EXPLICATION. Puisque 16 sous égalent $\frac{16}{20}$ ou $\frac{8}{10}$ de livre, après avoir multiplié les livres comme dans l'opération précédente, on multipliera les sous en prenant les $\frac{8}{10}$ du multiplicateur.

Le dixième de 346 est $34^{lb}\ 12^{s}$: donc, les huit dixièmes sont $(34^{lb}\ 12^{s}) \times 8 = 276^{lb}\ 16^{s}$; je pose $276^{lb}\ 16^{s}$.

Pour multiplier huit deniers, je dois prendre la moitié et le sixième du produit d'un sou ; or, ce produit est **17**^{lb} **6**^{s}, j'en prends la moitié et le sixième, j'ai **8**^{lb} **13**^{s} et **2**^{lb} **17**^{s} **8**^{d}, que je joins aux autres produits partiels ; je fais la somme, ayant soin de ne point comprendre le produit d'un sou, que je n'ai pris que pour faciliter l'opération, et je trouve enfin **12744**^{lb} **6**^{s} **8**^{d}.

Si les sous étaient un nombre impair, comme **19**^{s}, il faudrait, après avoir pris les $\frac{9}{10}$ du multiplicateur, pour **18** sous, prendre encore le vingtième pour le sou restant.

159. On propose de trouver le prix de **18** aunes $\frac{1}{2}$ d'étoffe, à raison de **16**^{lb} **12**^{s} **7**^{d} l'aune.

SOLUTION. On multipliera **16**^{lb} **12**^{s} **7**^{d} par **18**, ce qui donnera **299**^{lb} **6**^{s} **6**^{d} ; puis, pour la demi-aune, on prendra la moitié du prix **16**^{lb} **12**^{s} **7**^{d}, qui est **8**^{lb} **6**^{s} **3**^{d} $\frac{1}{2}$; on ajoutera les deux résultats et on aura **307**^{lb} **12**^{s} **9**^{d} $\frac{1}{2}$.

160. Un ouvrier a travaillé pendant **27** jours $\frac{7}{8}$ à raison de **2**^{lb} **17**^{s} **4**^{d} par jour : Combien doit-il recevoir ?

SOLUTION. On multipliera **2**^{lb} **17**^{s} **4**^{d} par **27**, et l'on aura **77**^{lb} **8**^{s} ; puis on décomposera $\frac{7}{8}$ en $\frac{4}{8} + \frac{2}{8} + \frac{1}{8} = \frac{1}{2} + \frac{1}{4} + \frac{1}{8}$; on prendra donc la moitié, le quart et le huitième du multiplicande, ce qui donnera **1**^{lb} **8**^{s} **8**^{d}, **0**^{lb} **14**^{s} **4**^{d}, **0**^{lb} **7**^{s} **2**^{d} ; on fera la somme de tous les résultats ; et l'on aura **79**^{lb} **18**^{s} **2**^{d} pour la somme demandée.

161. La toise d'un certain ouvrage a été payée $6^{lb}\ 17^{s}\ 10^{d}$: on demande combien 34 toises 4 pieds 6 pouces du même ouvrage devraient coûter.

OPÉRATION.

	lb	s	d
	6	17	10
	t.	p.d	p
	34	4	6
Pour 4 toises	27	11	4
Pour 30 toises	206	15	0
Pour 3 pieds	3	8	11
Pour un pied	1	2	11 $\frac{2}{5}$
Pour 6 pouces	0	11	5 $\frac{5}{6}$
Produit	239	9	8 $\frac{1}{2}$

EXPLICATION. Je fais usage de la seconde manière de multiplier, et je dis que quatre toises donneront quatre fois le multiplicande ; 30 toises donneront trente fois le multiplicande ; 4 pieds étant la moitié et le sixième d'une toise, donneront la moitié et le sixième du multiplicande ; enfin, 6 pouces, étant le douzième d'une toise ou la moitié d'un pied, donneront le douzième du multiplicande ou la moitié du produit d'un pied.

AUTRE MANIÈRE DE FAIRE LA MÊME MULTIPLICATION.

Que l'on réduise tout le multiplicande en deniers et tout le multiplicateur en pouces, on aura d'une part 1654 deniers, ou la fraction $\frac{1654}{240}$, et de l'autre **2502** pouces, ou la fraction $\frac{2502}{72}$; et multipliant ces deux fractions l'une par l'autre, en réduisant à la plus simple expression, on a $\frac{827 \times 159}{120 \times 4} = \frac{114953}{480} = 239^{lb}\ 9^{s}\ 8^{d}\ \frac{1}{2}$.

Je divise **114953** par **480** ; je trouve **239** livres, et **233** pour reste; je multiplie ce reste par **20**, pour en faire des sous, et j'ai **2660** sous, que je divise par le même diviseur **480**, je trouve 9^{s} et **340** pour reste; je multiplie ce reste par **12**, pour en faire des deniers, je trouve **4080** deniers que je devise par **480**, j'ai **8** deniers et **240** de reste : donc, le quotient de cette division ou le produit de $6^{lb}\ 17^{s}\ 10^{d}$ par $34^{t}\ 4^{pd}\ 6^{p}$ est $239^{lb}\ 9^{s}\ 8^{d}\ \frac{1}{7}$.

162. Avec une livre on a gagné $1^{lb}\ 1^{s}\ 1^{d}$: combien devrait-on gagner avec $1^{lb}\ 1^{s}\ 1^{d}$?

OPÉRATION.

	lb	s	d	
	1	1	1	
	1	1	1	
Pour 1 l. du multiplicat.	1	1	1	
Pour 1 sou	0	1	0 $\frac{15}{20}$	$= \frac{156}{240}$
Pour un denier	0	0	1 $\frac{15}{240}$	$= \frac{13}{240}$
	2	2	2	$\frac{169}{240}$

Si l'on réduit le multiplicande et le multiplicateur tout en deniers, on aura $\frac{253 \times 253}{240 \times 240} = \frac{64009}{57600} = 1^{lb}\ 2^{s}\ 2^{d}\ \frac{169}{240}$.

163. On demande quelle est la superficie d'un jardin qui a **18** toises **3** pieds **7** pouces de longueur, et 10 toises 4 pieds 6 pouces de largeur.

OPÉRATION.

	t.	p.d	p	
	18	3	7	
	10	4	6	
10 toises donnent	185	5	10	
3pd donnent la ½ du multiplicande	9	1	9	6
1 p. le tiers du produit de 3 pieds	3	0	7	2
6 p. la moitié du produit d'un pied	1	3	3	7
Superficie	199	5	6	3

La superficie trouvée doit s'exprimer ainsi : 199 toises quarrées, 5 pieds de toise quarrée, 6 pouces de toise quarrée, 3 lignes de toise quarrée ; ou 199 toises quarrées, 5 sixièmes de toise quarrée, 6 douzièmes de pied de toises quarrée, 3 douzièmes de pouce de toise quarrée.

Il ne faut donc pas confondre ces deux expressions : pieds, pouces, lignes de toise quarrée, avec pieds, pouces, lignes quarrés : la toise quarrée étant de 36 pieds quarrés, il s'ensuit qu'un pied de toise quarrée ou la sixième partie d'une toise quarrée fait 6 pieds quarrés ; pareillement, le pied de toise quarrée étant équivalent à 864 pouces quarrés, un pouce de toise quarrée vaudra la douzième partie de 864, c'est-à-dire 72 pouces quarrés ; le pouce de toise quarrée étant 72 pouces quarrés, ou 10368 lignes quarrées, la ligne de toise quarrée, vaut 864 lignes quarrées (*).

Donc le résultat trouvé peut s'énoncer ainsi : 199 toises quarrées, 30 pieds quarrés, 432 pouces quarrés, 2592 lignes quarrées.

164, On voudrait connaître le volume d'un massif de maçonnerie dont on connaît les trois dimensions; savoir : 1 toise 5 pieds de longueur, sur 0 toise 5 pieds 4 pouces de largeur et 0 toise 4 pieds 9 pouces de hauteur.

Pour résoudre cette question, il faut multiplier la longueur par la largeur, et multiplier le résultat par la hauteur.

La longueur par la largeur donne 1 toise quarrée, 3 pieds de toise quarrée, 9 pouces de toise quarrée et 4 lignes de toise quarrée.

Cette surface multipliée par 0' 4pd 9pc donne 1 toise cube, 1 pied de toise cube, 8 pouces de toise cube, 10 lignes de toise cube, $\frac{2}{5}$ de ligne de toise cube; ou une toise cube, un sixième de toise cube, huit douzièmes de pied de toise cube, dix douzièmes de pouce de toise cube, $\frac{2}{5}$ de ligne de toise cube (*).

(*) La toise quarrée est appelée toise-toise; le pied de toise quarré est appelé toise-pied, c'est une toise de long sur un pied de large; le pouce de toise-quarré, s'appelle toise-pouce, c'est une toise de long sur un pouce de large, etc.

(*) La toise cube, est aussi appelée toise-toise-toise; le pied de toise cube est appelé toise-toise-pied; le pouce de toise cube, est appelé toise-toise-pouce, etc.

La toise-toise pouce, qui est une toise quarrée sur un pouce de hauteur, et qui contient 5184 pouces cubes, ou 3 pieds cubes, est une *solive*.

Remarquons que la toise cube étant de **216** pieds cubes, le pied de toise cube vaut **36** pieds cubes; le pouce de toise cube vaut **5184** pouces cubes; la ligne de toise cube **746496** lignes cubes; le point de toise cube **107495424** points cubes.

De sorte que le résultat trouvé peut s'exprimer par **1** toise cube, **36** pieds cubes, **41472** pouces cubes, **7464960** lignes cubes, **71663616** points cubes.

DIVISION DES NOMBRES COMPLEXES.

165. **356** aunes d'une certaine étoffe ont coûté **1634**^{lb} **17**^{s} **8**^{d}; on demande à combien revient l'aune.

L'aune coûtera **356** fois moins : donc **1634**^{lb} **17**^{s} **8**^{d} est le dividende, et **356** le diviseur.

OPÉRATION.

1634^{lb} 17^{s} 8^{d}	356
210	4^{lb} 11^{s} 10^{d} $\frac{15}{89}$.
20	
4200	
17	
4217	
657	
301	
12	
602	
301	
8	
3620	
60	

EXPLICATION. Je divise 1634 par 356 ; je trouve 4 pour quotient et 210 de reste. Je multiplie ce reste par 20, pour le réduire en sous ; il vient 4200 sous, auxquels j'ajoute 17 sous du multiplicande, ce qui fait 4217.

Je divise 4217 par 356 ; le quotient est 11, et le reste 301 ; je pose 11 sous à côté des livres déjà trouvées. Je multiplie le reste par 12, pour le réduire en deniers ; j'ai 3612 deniers, auxquels j'ajoute 8 deniers, et j'ai 3620. Je divise 3620 par le même diviseur ; le quotient est 10, et le reste 60 : donc, 4^{lb} 11^{s} 10^{d} $\frac{15}{89}$ est le quotient demandé.

166. Quel doit être le prix d'une aune d'étoffe, lorsque 28 aunes $\frac{5}{6}$ coûtent 1583^{lb} 15^{s} 7^{d}.

Il faut diviser 1583^{lb} 15^{s} 7^{d} par 28 $\frac{5}{6}$; mais le diviseur étant accompagné d'une fraction, il faut la faire disparaître, et pour cela, il faut multiplier le dividende et le diviseur par le dénominateur de la fraction ; ce qui donnera pour nouveaux termes 9502^{lb} 13^{s} 6^{d} et 173.

En effectuant la division, on trouve 54^{lb} 18^{s} 6^{d} $\frac{156}{173}$.

167. On a payé 38 liv. 17 s. 11 d. pour 14 toises 4 pieds 6 pouces d'ouvrage : on demande à combien revient la toise ?

Pour effectuer la division de 38 liv. 17 s. 11 d. par 14 toises 4 pieds 6 pouces, il faut faire disparaître les subdivisions du diviseur.

Pour cela, on multiplie le dividende et le diviseur par un nombre tel, que le produit de ce nombre par les plus petites subdivisions donnent exactement une ou plusieurs unités d'une subdivision d'un degré supérieur. Cela fait, on multiplie encore les deux termes de la division par un nombre qui fasse disparaître les subdivisions restantes du diviseur, et l'on continue ainsi de multiplier le dividende et le diviseur jusqu'à ce que le diviseur soit dégagé de ses subdivisions.

OPÉRATIONS.

	lb.	s.	d.		t.	pd.	pc.
Dividende	38	17	11.	Diviseur	14	4	6.
			2				2
	77	15	10		29	3	0
			2				2
	155	11	8		59	0	0

Le dividende et le diviseur étant ramenés au point où ils doivent être, on effectue la division, et l'on trouve $2^{lb}\ 12^{s}\ 8^{d}\ \frac{52}{59}$.

Cette division peut aussi se faire en réduisant le dividende et le diviseur en fraction, et divisant l'un par l'autre.

Le dividende donne $\frac{9555}{240}$, le diviseur $\frac{1062}{72}$, et la division est $\frac{9555 \times 72}{240 \times 1062} = 2^{lb}\ 12^{s}\ 8^{d}\ \frac{52}{59}$.

Système métrique.

168. Le système métrique est un système par lequel on fixe la liaison et les rapports de toutes les espèces de mesures d'une manière invariable, en les rapportant toutes au mètre qui en est l'unité fondamentale.

169. Les mesures adoptées sont au nombre de six, savoir : le *mètre*, l'*are*, le *stère*, le *litre*, le *gramme* et le *franc*.

Ces mesures dérivent les unes des autres. Par exemple, le franc, qui est l'unité de la mesure monétaire, dérive de la mesure de poids; le gramme, mesure de poids, dérive de la mesure de capacité; le litre, mesure de capacité, l'are, mesure de superficie, et le stère, mesure de volume, dérivent du mètre; et le mètre est une partie de la distance du pôle à l'équatenr.

Ces mesures ont des multiples et des sous-multiples qui sont assujettis au système décimal.

Les multiples sont des quantité dix fois, cent fois, mille fois, etc. plus grandes que l'unité principale; et les sous-multiples sont des quantités dix fois, cent fois, mille fois plus petites que l'unité principale. (Voyez le tableau ci-joint).

170. La distance du pôle à l'équateur a été trouvée de **5130740** toises, qui, étant réduites en lignes, donnent **4432959360**; on a divisé cette quantité par dix-millions, et on a eu **443** lignes **2959360** dix-millioniêmes de lignes, ou, en ne conservant que trois décimales, **443** lignes **296** millièmes de lignes, et c'est cette quantité qu'on a adoptée pour la valeur du mètre; et comme **443** lignes valent **3** pieds, **0** pouce, **11** lignes, il résulte que le mètre est égal à **3** pieds, **0** pouce, **11** lignes plus **296** millièmes de lignes.

TABLEAU DES MESURES DÉCIMALES

FIXÉES PAR LA LOI DU 18 GERMINAL, AN 5.

VALEUR de l'unité principale, de ses multiples et sous-multiples.	MESURES OU UNITÉS PRINCIPALES, LEURS MULTIPLES ET SOUS-MULTIPLES.					
	de longueur.	agraire.	de solidité.	de capacité.	de poids.	de monnaie.
Dix--mille.....	Myriamètre.....	»	»	Myrialitre......	Myriagramme..	«
Mille...........	Kilomètre......	»	»	Kilolitre.......	Kilogramme....	«
Cent..........	Hectomètre.....	Hectare........	»	Hectolitre......	Hectogramme..	«
Dix...........	Décamètre.....	»	Décastère......	Décalitre......	Décagramme...	«
Unité.........	Mètre....	Are...........	Stère..........	Litre..........	Gramme.......	Franc.........
Dixième,.......	Décimètre......	»	Décistère.......	Décilitre.......	Décigramme....	Décime........
Centième......	Centimètre.....	Centiare.......	Centistère......	Centilitre......	Centigramme...	Centime.......
Millième.......	Millimètre.....	»	Millistère.....	Millilitre.......	Milligramme....	»

171. Le mètre, unité de longueur, est la dix-millionième partie de la distance du pôle à l'équateur. Il vaut **3** pieds, **0** pouce, **11** lignes $\frac{296}{1000}$.

L'are est l'unité de superficie; il vaut cent mètres carrés. L'are n'a qu'un multiple, c'est l'hectare, valeur de cent ares, et pour sous-multiple le centiare.

Le stère, mesure de volume, est un mètre cube; il n'a qu'un multiple, c'est le décastère; ses sous-multiples sont: le décistère, le centistère, le millistère. On l'emploie pour le mesurage du bois de chauffage et de charronnage.

La contenance du litre est d'un décimètre cube. Le litre est spécialement consacré pour les liquides; mais on fait usage de l'hectolitre pour les matières sèches.

Le gramme, unité de poids, pèse un centimètre cube d'eau distillée.

Le franc, unité monétaire, est une pièce d'argent du poids de cinq grammes, et alliée d'un dixième de cuivre; c'est-à-dire $\frac{9}{10}$ de métal pur et $\frac{1}{10}$ d'alliage.

Le franc n'a point de multiples, et ses sous-multiples sont le décime et le centime.

APPLICATION AU SYSTÈME MÉTRIQUE.

172. Le mètre d'étoffe coûte **12** francs **52** centimes: combien coûteront **134** mètres **713** millimètres de la même étoffe?

En multipliant **134,713** par **12,52**, on trouve **1686**^{f},**60676**; mais comme les francs n'ont point de plus petites subdivisions que les centimes, on doit abandonner au produit toutes les décimales qui se trouvent à la droite des centimes; mais s'il arrive que le chiffre des millièmes soit un cinq ou un chiffre plus grand que cinq, on doit augmenter le chiffre des centièmes d'une unité, et supprimer toutes les décimales à droite. Ainsi, dans l'opération ci-dessus, on a trouvé **1686,60676**; mais la troisième décimale étant plus grande que cinq, on écrit **1686,61**.

Remarquons que, dans les questions composées, on ne doit faire cette suppression que quand la dernière opération est terminée.

173. Trouver le prix de **154** litres de vin, à raison de **120** francs **37** centimes l'hectolitre.

Au lieu d'écrire **154** litres, il faut écrire **1** hectolitre **54** litres; car, dans la question, l'hectolitre est pris pour unité.

Le produit de **1,54** par **120,37** est **185,3698** ou **185^{f},37^{c}**.

On pourrait encore résoudre la question en multipliant **154** litres par **1,2037**, prix d'un litre.

174. Trouver le prix de **487** kilogrammes de marchandise, à raison de **0^{f},05^{c}** le décagramme.

Le décagramme étant pris pour unité, on doit réduire **487** kilogrammes en décagrammes, ce qui donne **48700** à multiplier par **0,05**; le produit est **2435** francs.

175. 12 mètres 584 millimètres d'étoffe ont coûté 74 francs 37 centimes ; à combien revient le mètre ?

La division de 74,37 par 12,584 donne 5 fr. 91 cent. pour le prix demandé.

176. Le mètre d'une certaine étoffe coûte 15 francs 35 centimes ; combien doit-on avoir de mètres pour 1580 francs 38 centimes ?

Il faut diviser 1580,38 par 15,35, il viendra 102 mètres 96 centimètres.

177. Le stère de bois a coûté 28 francs 32 centimes : combien en aurait-on pour 269 francs 04 centimes ?

Il est certain qu'autant de fois 28 francs 32 centimes seront contenus dans 269 francs 04 centimes, autant on aura de stères : donc il faut diviser 269,04 par 28,32 et l'on trouve 9,5, c'est-à-dire 9 stères et 5 décistères.

RÉDUCTION DES NOUVELLES MESURES EN ANCIENNES, ET RÉCIPROQUEMENT.

178. Pour réduire des nouvelles mesures en anciennes, ou des anciennes en nouvelles, il faut connaître les rapports que ces mesures ont entr'elles.

179. Le rapport de deux quantités est le nombre qui exprime combien de fois l'une de ces quantités contient l'autre. Ainsi, le rapport de la toise au pied est six, parce que le pied est contenu six fois dans la toise ; mais le rapport du pied à la toise est un sixième, parce que la toise n'est contenue dans le pied qu'un sixième de fois.

En général, pour trouver le rapport d'une mesure à une autre, de même genre, il faut les réduire toutes deux à une même subdivision de la même unité, et diviser l'un de ces résultats par l'autre, le quotient donne le rapport demandé.

Veut-on, par exemple, trouver le rapport de la toise au mètre? Que l'on divise **864** lignes que contient la toise, par **443** lignes **296** millièmes de lignes que contient le mètre, on aura **1,94904** pour le rapport de la toise au mètre.

Au contraire, veut-on avoir le rapport du mètre à la toise? Que l'on divise **443,296** par **864**, on aura **0,51307** pour le rapport demandé.

180. Voici les rapports de quelques nouvelles mesures aux anciennes, et des anciennes aux nouvelles.

Rapport du mètre à la toise........	**0,51307**
De la toise au mètre..............	**1,94904**
Du mètre à l'aune de Paris	**0,84144**
De l'aune de Paris au mètre.......	**1,18845**
Du kilomètre à la lieue............	**0,225**
De la lieue au kilomètre...........	**4,44444**
Du mètre quarré à la toise quarrée..	**0,263245**
De la toise quarrée au mètre quarré.	**3,798744**
Du mètre cube à la toise cube......	**0,135064**
De la toise cube au mètre cube......	**7,403890**
Du stère au mètre cube à la solive...	**9,7246**

De la solive au stère 0,10283
Du litre au boisseau 0,07687
Du boisseau au litre 13,008
Du kilogramme à la livre 2,04288
De la livre au kilogramme 0,48951
Du franc à la livre 1,0125
De la livre au franc . . . . 0,98765.

OBSERVATION.

181. Par les décrets des 18 août et 12 septembre 1810, les anciennes pièces d'or et d'argent de France ont subi les réductions suivantes :

	F. C.
La pièce d'or de 48 livres est réduite à . .	47,20.
La pièce d'or de 24 livres est réduite à . .	23,55.
La pièce d'argent de 6 livres est réduite à	5,80.
La pièce d'argent de 3 livres est réduite à	2,75.
La pièce de 24 sous est réduite à	1,00.
La pièce de 12 sous est réduite à	0,50.
La pièce de 6 sous est réduite à	0,25.

APPLICATION.

182. On propose de réduire 146 francs en livres, sous et deniers.

SOLUTION. Le rapport du franc à la livre étant 1,0125 (180), il faut multiplier 1,0125 par 146 ; on obtient 147 livres 825 millièmes de livre : cette fraction décimale de la livre, étant réduite en sous et deniers (150), donne 16 s. 6 d. : donc, 146 francs font 147 ^{lb} 16^{s} 6^{d}.

183. On demande de réduire 308 livres en francs.

SOLUTION. Le rapport de la livre au franc étant 0,98765, il faut multiplier 308 par ce rapport ; on trouve 304^{f},1962, ou (172) 304 fr. 20 centimes.

184. On demande de réduire 148 ^{lb} 17 ^{s} 8 ^{d} en francs.

SOLUTION. Il faut réduire avant tout 17 ^{s} 8 en fraction décimale de la livre ; il vient 0,8833 dix-millièmes de livre. Il faut ensuite multiplier 148,8833 par 0,98765, rapport de la livre au franc. On trouve 147 fr. 04 c.

185. On demande de réduire 48 mètres 56 centimètres en toises, pieds et pouces.

SOLUTION. Il faut multiplier 48$_{m}$,56 par 0,51307, qui est le rapport du mètre à la toise ; on trouve 24 toises, 9146792 ou 24 toises 5 pieds 5 pouces $\frac{17}{20}$.

186. Le mètre d'une certaine étoffe coûte 24 francs 32 centimes : combien l'aune doit-elle coûter en livres, sous et deniers ?

SOLUTION. 1° Connaissant le prix du mètre en francs, on trouve celui du mètre en livres, en multipliant 24,32 par 1,0125, il vient 24',624 millièmes.

2° Le mètre coûtant 24^{lb},624, on trouvera le prix de l'aune en multipliant 24,624 par 1,18845, rapport de l'aune au mètre ; il vient 29,2643928 ou 29 ^{lb} 5 ^{s} 3 ^{d} $\frac{9}{20}$.

187. La livre d'une certaine marchandise vaut

1 ^{lb} 15 ^{s} 6 ^{d} : quel doit être le prix du kilogramme en francs ?

SOLUTION. Après avoir réduit 15 ^{s} 6 ^{d} en fraction décimale de la livre, il faut multiplier 1^{lb},775 par 0,98765, il vient 1,75307875 pour le prix de la livre en francs.

Cela fait, il faut multiplier 1,75307875 par 2,04288, rapport du kilogramme à la livre, il vient pour le nombre demandé 3^{f},58 centimes.

188. Combien y a-t-il de francs dans 156 pièces de six livres ?

SOLUTION. Il faut multiplier 156 par 5,80, il vient 904 francs 80 centimes.

189. Combien y a-t-il de pièces de trois livres dans 356 francs 56 centimes ?

SOLUTION. Il faut diviser 356,56 par 2,75, il vient 129 pièces de trois livres; mais il reste 181 : or, le dividende et le diviseur ayant été réduits en centièmes par la suppression de la virgule, il résulte que le reste exprime des centièmes ou des centimes. Ainsi 356 francs 56 centimes font 129 pièces de trois livres, 1 franc et 81 centimes.

190. Une personne reçoit 32 pièces de 48 livres, 47 pièces de 24 livres, 58 pièces de 6 livres, 103 pièces de 3 livres, 254 pièces de 24 sous, 432 pièces de 12 sous, 530 pièces de six sous : combien reçoit-elle en tout ?

OPÉRATIONS.

32	×	47,20	=	1510,40
47	×	23,55	=	1106,85
58	×	5,80	=	336,40
103	×	2,75	=	283,25
254	×	1,00	=	254,00
432	×	0,50	=	216,00
530	×	0,25	=	132,50
				3839,40

191. La mesure agraire d'une certaine commune est de cent verges quarrées ; la verge est de **20** pieds de longueur, et le pied de **11** pouces. On demande de réduire en mesures métriques la superficie d'un terrain qui aurait **56** mesures, **64** verges quarrées et **240** pieds quarrés.

SOLUTION. Je représente **64** verges quarrées par $\frac{64}{100}$ de mesure, et **240** pieds quarrés, par $\frac{240}{40000}$ de mesure; je réduis ces deux fractions au même dénominateur, et j'ai $\frac{2560000}{4000000}$ et $\frac{240000}{4000000}$, dont la somme est $\frac{2584000}{4000000} = \frac{2584}{4000}$. Je réduis cette fraction ordinaire en fraction décimale ( ) et j'ai **0,646** : donc **56** mesures, **64** verges quarrées, **240** pieds quarrés, valent **56** mesures **646** millièmes de mesure.

Maintenant il ne s'agit plus que de multiplier **56,646** par le rapport de la mesure à l'are (*).

(*) Pour trouver le rapport de la mesure à l'are, il faut diviser 696960000 lignes quarrées que contient la mesure, par 19651134,3616 lignes quarrées que contient l'are ; on trouve 35 ares, 466654.

De même, pour trouver le rapport de l'are à la mesure, il faut diviser 19651134,3616 par 696960000, on trouve 0,028196.

Ce rapport étant de 35,466654, on aura 2009,044082484, c'est-à-dire 2009 ares 4 centiares pour la superficie demandée.

192. La superficie d'un terrain est de 2009 ares 4 centiares; on voudrait en connaître la valeur en mesure, verges et pieds.

SOLUTION. Le rapport de l'are à la mesure étant de 0^{m},028196, on multipliera 2009,04 par 0,028196, ce qui donnera 56,64689184 pour produit, c'est-à-dire 56 mesures plus une fraction décimale de la mesure.

La mesure étant composée de 100 verges quarrées, on multipliera la fraction 0,64689184 par 100, on obtiendra 64 verges quarrées, plus la fraction décimale 0,689184, qu'on devra multiplier par 400 pour obtenir des pieds quarrées. Il viendra 275 pieds quarrés : donc 2009 ares 04 centiares donnent 56 mesures, 64 verges quarrées, 275 pieds quarrés.

Proportions.

193. On appelle proportion quatre quantités considérées de manière que la première contient la seconde autant de fois que la troisième contient la quatrième; ou, si l'on veut, quatre quantités disposées de manière que la seconde contient la première autant de fois que la quatrième contient la troisième.

En arithmétique, les nombres 8,24, 9,27 disposés de cette manière, forment une proportion.

Cette proportion s'énonce ainsi : **8**, divisé par **24**, est égal à **9** divisé par **27**, qu'on écrit $\frac{8}{24} = \frac{9}{27}$.

194. La comparaison des deux premiers ou des deux seconds termes d'une proportion est appelée *rapport*. Ainsi $\frac{8}{24}$ est un rapport, et $\frac{27}{9}$ en est un autre.

Il suit de là et de la définition ci-dessus, qu'on peut aussi définir la proportion, l'assemblage de deux rapports égaux.

195. Dans une proportion, le signe de la division est remplacé par deux points (:), et le signe d'égalité par quatre points (: :). Ainsi, au lieu de représenter la proportion des quatre nombres **8**,**24**, **9**,**27** par $\frac{8}{24} = \frac{9}{27}$, on les écrit de cette manière, **8** : **24** : : **9** : **27**, et l'on prononce **8** est à **24**, comme **9** est à **27**.

196. Le premier terme d'un rapport qui est le dividende, est appelé antécédent; le second, qui est le diviseur, est appelé conséquent.

197. Le premier et le dernier terme d'une proportion se nomment les extrêmes; les deux autres, compris entre les extrêmes, se nomment les moyens.

198. Toute proportion dont les termes moyens sont égaux, est appelée proportion continue : **8** : **4** : : **4** : **2**, est une proportion continue.

On évite dans ces sortes de proportions d'écrire deux fois le même nombre, en écrivant la proportion de cette manière, ∺ 8 ⁚ 4 ⁚ 2.

Le signe ∺ qu'on place avant le premier terme de cette proportion, indique qu'elle est continue. Il n'y a donc que trois termes dans une proportion continue, et il n'y a qu'un seul terme moyen, qu'on appelle *moyen proportionnel.*

199. On appelle proportion identique celle dont les deux termes du premier rapport sont absolument les mêmes que les deux termes du second rapport. **7 ⁚ 10 :: 7 ⁚ 10** est une proportion identique.

200. Quatre nombres étant donnés, on peut s'assurer s'ils sont en proportion : il suffit pour cela de diviser chaque antécédent par son conséquent, et si les rapports sont égaux, la proportion existe ; car cette preuve est déduite de la définition même de la proportion.

Soit par exemple **240,40, 720,120**, on aura $\frac{240}{40} = 6$ et $\frac{720}{120} = 6$: donc les rapports sont égaux ; ce qui donne **240 ⁚ 40 :: 720 ⁚ 120.**

Soit encore **7,9, 42,54**, nous aurons $\frac{7}{9}$ et $\frac{42}{54}$, réduisant ces fractions au même dénominateur, il viendra $\frac{378}{486}$ et $\frac{378}{486}$; ces fractions étant égales, il s'ensuit que $\frac{7}{9} = \frac{42}{54}$: donc **7 ⁚ 9 :: 42 ⁚ 54.**

Propriétés des Proportions.

201. Dans toute proportion, le produit des moyens est égal au produit des extrêmes.

DÉMONSTRATION. Soit la proportion **7 : 21 :: 10 : 30**, on en déduit (**193**), $\frac{7}{21} = \frac{10}{30}$. Je réduis ces deux fractions au même dénominateur, en indiquant les opérations, il vient $\frac{7 \times 30}{21 \times 30} = \frac{10 \times 21}{30 \times 21}$. Les dénominateurs étant égaux, je puis les effacer sans troubler l'égalité des deux quantités (axiômes), et il reste $7 \times 30 = 10 \times 21$. Mais 7×30 est le produit des extrêmes; 10×21 est le produit des moyens : donc le produit des moyens est égal au produit des extrêmes.

202. Dans toute proportion continue, le terme moyen multiplié par lui-même est égal au produit des extrêmes.

Soit ÷ **4 : 6 : 9**, je dis qu'on aura $6 \times 6 = 4 \times 9$. En effet, cette proportion continue est la même que la proportion ordinaire **4 : 6 :: 6 : 9**; d'où l'on tire $\frac{4}{6} = \frac{6}{9}$, en réduisant au même dénominateur, $\frac{4 \times 9}{6 \times 9} = \frac{6 \times 6}{9 \times 6}$, en supprimant les dénominateurs $4 \times 9 = 6 \times 6$, ce qu'il fallait démontrer.

203. Il résulte de l'égalité de ces deux produits qu'on peut changer l'ordre des termes d'une proportion, pourvu que celui qu'on établit, soit tel que le produit des moyens demeure égal à celui des extrêmes.

Avec la proportion **7 : 21 :: 8 : 24**, on peut faire les arrangemens suivans.

7 : 21 :: 8 : 24
7 : 8 :: 21 : 24
8 : 7 :: 24 : 21

$$8 : 24 :: 7 : 21$$
$$24 : 8 :: 21 : 7$$
$$24 : 21 :: 8 : 7$$
$$21 : 24 :: 7 : 8$$
$$21 : 7 :: 24 : 8$$

204. On peut multiplier ou diviser les deux termes d'un rapport par un même nombre, sans troubler la proportion. Car multiplier ou diviser les deux termes d'un rapport, c'est la même chose que multiplier ou diviser les deux termes d'une division, ce qui ne change nullement le quotient (41). Ainsi la proportion $7 : 21 :: 8 : 24$ peut devenir $7 \times 4 : 21 \times 4 :: 8 : 24$ ou $\frac{7}{4} : \frac{21}{4} :: 8 : 24$.

On prouvera de même que l'on peut multiplier ou diviser par un même nombre les deux antécédens ou les deux conséquens d'une proportion, sans la troubler. En effet, soit la proportion $7 : 21 :: 8 : 24$, changeons les moyens de place, nous aurons $7 : 8 :: 21 : 24$; multiplions et divisons par 4 les deux termes du premier rapport, nous aurons d'une part $7 \times 4 : 8 \times 4 :: 21 : 24$, et de l'autre $\frac{7}{4} : \frac{8}{4} :: 21 : 24$; changeons de nouveau les moyens de place, nous aurons $7 \times 4 : 21 :: 8 \times 4 : 24$ et $\frac{7}{4} : 21 :: \frac{8}{4} : 24$, ce qu'il fallait démontrer.

205. Deux fractions qui ont le même dénominateur, sont entr'elles directement comme leurs numérateurs; c'est-à-dire, comme le numérateur de la première est au numérateur de la seconde.

DÉMONSTRATION. Soient deux fractions $\frac{8}{12}$ et $\frac{5}{12}$, nous pouvons établir la proportion $\frac{8}{12} : \frac{5}{12} :: \frac{8}{12} : \frac{5}{12}$. Supprimons les deux dénominateurs aux deux dernières fractions, nous aurons $\frac{8}{12} : \frac{5}{12} :: 8 : 5$.

206. Deux fractions qui ont le même numérateur, sont entr'elles réciproquement comme leurs dénominateurs, c'est-à-dire, comme le dénominateur de la seconde est au dénominateur de la première.

DÉMONSTRATION. Soient deux fractions $\frac{3}{4}$ et $\frac{3}{7}$, je dis qu'on aura $\frac{3}{4} : \frac{3}{7} :: 7 : 4$. Car on peut établir la proportion identique $\frac{3}{4} : \frac{3}{7} :: \frac{3}{4} : \frac{3}{7}$; puis réduisant au même dénominateur les deux termes du second rapport, on a $\frac{3}{4} : \frac{3}{7} :: \frac{3\times7}{4\times7} : \frac{3\times4}{7\times4}$; supprimons les dénominateurs égaux, nous aurons $\frac{3}{4} : \frac{3}{7} :: 3\times7 : 3\times4$; enfin, supprimons le facteur commun 3. nous aurons $\frac{3}{4} : \frac{3}{7} :: 7 : 4$.

207. Deux fractions quelconques sont entr'elles comme le numérateur de la première multiplié par le dénominateur de la seconde, est au numérateur de la seconde, multiplié par le dénominateur de la première.

DÉMONSTRATION. Soient deux fractions $\frac{3}{4}$ et $\frac{5}{6}$, je dis qu'on aura $\frac{3}{4} : \frac{5}{6} :: 3\times6 : 5\times4$.

Pour le prouver, prenons la proportion identique $\frac{5}{4} : \frac{5}{6} :: \frac{5}{4} : \frac{5}{6}$; réduisons les deux dernières fractions au même dénominateur, nous aurons $\frac{5}{4} : \frac{5}{6} :: \frac{5\times6}{4\times6} : \frac{5\times4}{6\times4}$; et à cause des dénominateurs égaux on a $\frac{5}{4} : \frac{5}{6} :: 5\times6 : 5\times4$, ce qu'il fallait prouver.

208. Si quatre nombres sont disposés de manière que le produit des moyens soit égal au produit des extrêmes, ces quatre nombres sont en proportion.

DÉMONSTRATION. Soient les nombres 4,5, 12,15, et supposons qu'on ait $4\times15=5\times12$, je dis qu'on aura $4 : 5 :: 12 : 15$.

Le tout consiste à démontrer d'une manière générale que $\frac{4}{5}=\frac{12}{15}$, c'est-à-dire que les rapports sont égaux. Pour cela, je réduis $\frac{4}{5}$ et $\frac{12}{15}$ au même dénominateur, et j'ai $\frac{4\times15}{5\times15}$ et $\frac{12\times5}{15\times5}$. Ces deux fractions ayant le même dénominateur, sont entr'elles directement comme leurs numérateurs (205), et on a $\frac{4\times15}{5\times15} : \frac{12\times5}{15\times5} :: 4\times15 : 12\times5$ ou $\frac{4}{5} : \frac{12}{15} :: 4\times15 : 12\times5$; mais d'après la supposition, $4\times15=12\times5$: donc, on a aussi $\frac{4}{5}=\frac{12}{15}$, d'où il résulte que $4 : 5 :: 12 : 15$ (*).

(*) Soit $4\times15=5\times12$, je dis qu'on aura $4 : 5 :: 12 : 15$. En effet, divisant les deux nombres de l'égalité par le premier conséquent 5, nous aurons $\frac{4\times15}{5}=\frac{5\times12}{5}$, ou $\frac{4\times15}{5}=12$. Divisons les deux nombres de la nouvelle égalité par le second conséquent 15, nous aurons $\frac{4\times15}{5\times15}=\frac{12}{15}$ ou $\frac{4}{5}=\frac{12}{15}$, d'où $4 : 5 :: 12 : 15$.

209. Dans toute proportion, la somme des antécédens est à la somme des conséquens, comme un antécédent est à son conséquent.

Soit la proportion $3 : 7 :: 9 : 21$, je dis qu'on aura $3 + 9 : 7 + 21 :: 3 : 7$.

DÉMONSTRATION. La proportion $3 : 7 :: 9 : 21$ donne $7 \times 9 = 3 \times 21$; la proportion identique $3 : 7 :: 3 : 7$ donne $3 \times 7 = 3 \times 7$; ajoutons ces deux égalités, nous aurons $7 \times 9 + 3 \times 7 = 3 \times 21 + 3 \times 7$ ou à cause des multiplicateurs communs $(3 + 9) 7 = (7 + 21) 3$; d'où l'on tire la proportion $3 + 9 : 7 + 21 :: 3 : 7$.

Reprenant les deux égalités $7 \times 9 = 3 \times 21$ et $3 \times 7 = 3 \times 7$ et ôtant la seconde de la première, nous aurons $7 \times 9 - 3 \times 7 = 3 \times 21 - 3 \times 7$, qui devient $(9 - 3) 7 = (21 - 7) 3$; d'où $9 - 3 : 21 - 7 :: 3 : 7$: donc la différence des antécédens est à la différence des conséquens comme un antécédent est à son conséquent. Si, au lieu de deux rapports égaux, il y en avait davantage, cette propriété existerait encore.

Comparant maintenant les deux proportions trouvées, c'est-à-dire $3 + 9 : 7 + 21 :: 3 : 7$ et $9 - 3 : 21 - 7 :: 3 : 7$; on remarquera que les seconds rapports forment une proportion, puisque $3 : 7 :: 3 : 7$; donc les premiers rapports en formeront une aussi, qui sera $3 + 9 : 7 + 21 :: 9 - 3 : 21 - 7$: d'où l'on conclut que la somme des antécédens est à la somme des conséquens, comme la différence des antécédens est à la différence des conséquens.

210. Dans toute proportion, le premier antécédent moins son conséquent est à ce conséquent, comme le second antécédent moins son conséquent est à ce conséquent.

Soit la proportion **16 : 12 :: 20 : 15**, je dis qu'on aura **16 — 12 : 12 :: 20 — 15 : 15.**

DÉMONSTRATION. La proportion **16 : 12 :: 20 : 15** donne en transposant les termes moyens **16 : 20 :: 12 : 15**, d'où **16 — 12 : 20 — 15 :: 12 : 15(209)**, en transposant les termes moyens une seconde fois, on a **16 — 12 : 12 :: 20 — 15 : 15**, ce qu'il fallait démontrer.

211. Lorsqu'on a deux proportions quelconques, **4 : 7 :: 12 : 21** et **5 : 8 :: 10 : 16**, et qu'on les multiplie par ordre, c'est-à-dire terme par terme, les produits forment une proportion où l'on a **4 × 5 : 7 × 8 :: 12 × 10 : 21 × 16.**

DÉMONSTRATION. La première proportion donne $\frac{4}{7} = \frac{12}{21}$ et la seconde $\frac{5}{8} = \frac{10}{16}$ (**195**). Multiplions les deux membres de la première égalité; l'un par $\frac{5}{8}$ et l'autre par $\frac{10}{16}$, nous aurons $\frac{4 \times 5}{7 \times 8} = \frac{12 \times 10}{21 \times 16}$; d'où l'on tire **4 × 5 : 7 × 8 :: 12 × 10 : 21 × 16.**

212. Deux nombres quelconques sont entr'eux

comme la somme des parties aliquotes du premier est à la somme des parties aliquotes du second; c'est-à-dire que deux nombres sont entr'eux comme la moitié, le tiers, le quart du premier sont à la moitié, le tiers et le quart du second.

DÉMONSTRATION. Soient deux nombres **12** et **36**; je dis qu'on aura $12 : 36 :: 6+4+3 : 18+12+9$. Car au moyen des deux nombres **12** et **36**, on peut former les trois proportions : $12 : 36 :: \frac{12}{2} : \frac{36}{2}$; $12 : 36 :: \frac{12}{3} : \frac{36}{3}$; $12 : 36 :: \frac{12}{4} : \frac{36}{4}$, qui deviennent $12 : 36 :: 6 : 18$; $12 : 36 :: 4 : 12$; $12 : 36 :: 3 : 9$; mais les trois proportions renferment le même rapport $12 : 36$: donc il en résulte la proportion $6 : 18 :: 4 : 12 :: 3 : 9$, et faisant la somme des antécédens et celle des conséquens, nous aurons $6 : 18 :: 6+4+3 : 18+12+9$; or, $6 : 18 :: 12 : 36$: donc $12 : 36 :: 6+4+3 : 18+12+9$, ou si l'on veut $12 : 36 :: 13 : 39$.

213. Dans toute proportion, 1° le produit des extrêmes étant divisé par un extrême, donne l'autre extrême; 2° le produit des moyens étant divisé par un moyen donne l'autre moyen (**45**); mais *produit des extrêmes et produit des moyens* étant deux expressions équivalentes (**201**), on peut substituer l'une à l'autre, dans les deux principes ci-dessus; ce qui donne :

1° *Le produit des moyens étant divisé par un*

extrême donne l'autre extrême; 2° le produit des extrêmes étant divisé par un moyen donne l'autre moyen.

On voit par ces deux derniers principes comment on peut trouver l'un des quatre termes d'une proportion, lorsque les trois autres sont donnés (*).

En effet, si ce terme est un extrême, il faut diviser le produit des moyens par l'extrême connu; si l'inconnu est un moyen, il faut diviser le produit des extrêmes par le moyen connu.

EXEMPLE.

$$4 : 12 :: 7 : x = \frac{12 \times 7}{4} = \frac{84}{4} = 21$$

$$4 : 12 :: x : 7 = \frac{4 \times 7}{12} = \frac{28}{12} = 2 + \frac{1}{5}$$

$$4 : x :: 12 : 7 = \frac{4 \times 7}{12} = \frac{28}{12} = 2 + \frac{1}{3}$$

$$x : 12 :: 7 : 4 = \frac{12 \times 7}{4} = \frac{84}{4} = 21.$$

Application des Proportions.

214. Douze mètres d'étoffe ont coûté **246** fr. : combien doivent coûter **36** mètres de la même étoffe?

---

[*] Soit la proportion $27 : 18 :: 51 : x$. Faisons le produit des moyens et celui des extrêmes, il viendra $27 \times x = 18 \times 51$. Divisons les deux nombres de l'égalité par 27, nous obtiendrons $x = \frac{18 \times 51}{27}$: donc le produit des moyens divisé par un extrême, donne l'autre extrême.

Soit en second lieu $27 : 18 :: x : 54$, nous aurons $x \times 18 = 27 \times 54$, et $x = \frac{27 \times 54}{18}$: donc, le produit des extrêmes divisé par un moyen donne l'autre moyen.

SOLUTION. Trente-six mètres étant le triple de douze mètres, coûteront nécessairement le triple de **246**, c'est-à-dire **738** francs.

215. Douze ouvriers ont fait **264** mètres d'ouvrage : quel doit être l'ouvrage de **48** ouvriers pendant le même temps?

SOLUTION. Quarante-huit ouvriers feront quatre fois plus d'ouvrage que douze ; ils feront donc quatre fois **264** ou **1056** mètres.

Si nous analysons maintenant ces deux questions, nous remarquerons que dans la première, le prix de **36** mètres contient le prix de **12** mètres, autant de fois que **36** mètres contiennent **12** mètres; c'est-à-dire que **738** contient **246** comme **36** contient **12**, ce qui donne cette proportion : **12 : 48 :: 264 : 1056.**

Voilà ce qu'on appelle faire une opération de trois : c'est résoudre une question dans laquelle se trouvent trois termes connus, et un quatrième inconnu qu'il faut trouver.

216. Dans toutes les questions de cette nature, il est essentiel de remarquer que deux des quatre termes sont d'une espèce de choses et que les deux autres termes sont d'une autre espèce. On les distingue par termes de la première espèce et termes de la seconde espèce : les termes de la seconde espèce sont l'inconnu et le terme de même espèce que l'inconnu; les deux autres sont de la première espèce.

Ainsi, dans la première question ci-dessus, **12** mètres et **36** mètres sont les termes de la première espèce; **246** francs et **738** francs sont les termes de la seconde espèce.

Il est évident que, quelles que soient les espèces de choses à comparer, le rapport des deux termes de la première espèce sera toujours égal au rapport des deux termes de la seconde, et l'on pourra toujours en former une proportion.

217. Une question appartenante à la règle de trois étant donnée, on établit la proportion des termes qu'elle renferme en plaçant pour premier terme le plus petit terme de la première espèce; pour deuxième terme, le plus grand de la même espèce; pour troisième terme, le plus petit de la seconde espèce; et pour quatrième, le plus grand de la même espèce, ayant soin de placer la lettre x pour le terme inconnu, lequel est ordinairement le troisième ou le quatrième terme de la proportion (*).

EXEMPLES.

218. **15** ouvriers ont fait **648** mètres d'ouvra-

(*) La formule est donc : le plus petit terme de la première espèce est au plus grand, comme le plus petit terme de la seconde espèce est au plus grand.

Mais on pourrait aussi, en renversant l'ordre des termes, dire : le plus grand terme de la première espèce est au plus petit, comme le plus grand terme de la seconde espèce est au plus petit.

ge pendant un certain temps : quel sera l'ouvrage de 35 ouvriers pendant le même temps ?

SOLUTION. Les deux termes de la première espèce sont **15** ouvriers et **35** ouvriers ; les deux termes de la seconde espèce sont **648** et x : donc on a la proportion **15** : **35** :: **648** : $x = \frac{648 \times 35}{15}$ = **1512**.

La lettre x est mise pour le plus grand terme de la seconde espèce, parce qu'en effet **35** ouvriers doivent faire plus d'ouvrage que **15** : Ainsi, le terme inconnu étant un extrême, on a dû diviser le produit des moyens par l'extrême connu (**213**).

219. **15** ouvriers ont mis **8** jours pour faire un certain ouvrage : quel temps faudrait-il à **45** ouvriers pour faire le même ouvrage ?

SOLUTION. Les termes de la première espèce sont **15** ouvriers et **45** ouvriers ; ceux de la seconde espèce sont **8** jours et x jours. Mais comme **45** ouvriers doivent mettre moins de temps que **15**, pour le même ouvrage, il s'ensuit que le terme inconnu est plus petit que **8** ; donc on a la proportion **15** : **45** :: x : **8** $= \frac{15 \times 8}{45} = 2 + \frac{2}{3}$.

Le terme inconnu étant un moyen, on a dû diviser le produit des extrêmes par le moyen connu (*).

(*) La plupart des arithméticiens distinguent deux sortes de règles

220. 12 aunes $\frac{1}{2}$ d'étoffe ont coûté 540 livres $\frac{5}{6}$: combien doivent coûter 15 aunes $\frac{3}{4}$ de la même étoffe ?

SOLUTION. $12\frac{1}{2} : 15\frac{3}{4} :: 540\frac{5}{6} : x$ ou $\frac{25}{2} : \frac{63}{4} :: \frac{3245}{6} : x = \frac{3245 \times 63 \times 2}{6 \times 4 \times 25} = 681 + \frac{9}{20}$.

221. 36 mètres 54 centimètres d'étoffe ont coûté 340 francs 8 décimes : combien doivent coûter 74 mètres 532 millimètres de la même étoffe ?

SOLUTION. $36{,}54 : 74{,}532 :: 340{,}8 : x = \frac{74{,}532 \times 340{,}8}{36{,}54} = 695{,}14$.

222. On demande combien il faudrait d'aunes de toïle de $\frac{3}{4}$ de largeur pour doubler 7 aunes $\frac{1}{2}$ de drap de $\frac{5}{4}$ de largeur ?

SOLUTION. Dans cette question, il est clair que moins la toile a de largeur et plus il en faudra pour doubler une même surface : donc le terme inconnu est plus grand que 7 $\frac{1}{2}$, et on doit avoir la proportion $\frac{3}{4} : \frac{5}{6} :: \frac{15}{2} : x = \frac{15 \times 5 \times 4}{2 \times 6 \times 3} = 8 + \frac{1}{2}$.

223. Une ville assiégée peut tenir pendant 30

---

de trois ; l'une *directe* et l'autre *inverse*. Selon eux, la première des deux questions précédentes est une règle de trois directe, parce que plus il y a d'ouvriers et plus ils doivent faire d'ouvrage ; la seconde est une règle de trois inverse, parce que plus il y a d'ouvriers, et moins il leur faut de temps pour faire le même travail. Je ne fais point usage de ces différentes dénominations : pour résoudre, selon ma méthode, une question qui appartient à la règle de trois, tout consiste à savoir reconnaître si l'inconnu est plus petit ou plus grand que le terme connu de même espèce ; si l'inconnu est plus petit, il doit se placer avant le plus grand, et réciproquement, en suivant la règle indiquée au n° 217.

jours en donnant à chaque homme **375** grammes de pain par jour. On demande à quelle quantité on devrait réduire la ration de chaque homme, si l'on voulait tenir pendant **40** jours?

SOLUTION. $30 : 40 :: x : 0{,}375 = \frac{0{,}375 \times 30}{40}$ $= 0^{k}{,}28125$.

224. **12** ouvriers ont mis **8** jours pour faire **132** mètres d'ouvrage : combien **15** ouvriers mettront-ils de jours pour faire **248** mètres d'ouvrage?

SOLUTION. Pour résoudre cette question, qui renferme cinq termes au lieu de trois, il faut la décomposer en deux autres, de trois termes chacune.

Dans la première, on fera la comparaison des ouvriers et des jours; dans la seconde, on fera la comparaison de l'ouvrage et des jours.

Ainsi, faisant abstraction de l'ouvrage fait par les ouvriers, on a pour première question : **12** ouvriers ont mis **8** jours pour faire un certain ouvrage : quel temps faudrait-il à **15** ouvriers pour faire le même ouvrage? $12 : 15 :: x : 8 = \frac{12 \times 8}{15}$.

La fraction $\frac{12 \times 8}{15}$ exprime le nombre de jours qu'il faudrait à **15** ouvriers pour faire un ouvrage que **12** ouvriers ont fait en **8** jours.

En faisant abstraction des ouvriers, on a pour seconde question : **132** mètres d'ouvrage ont été faits en $\frac{12\times8}{15}$ jours : quel temps faudrait-il pour faire **248** mètres de même ouvrage? **152** : **248** :: $\frac{12\times8}{15}$: $x = \frac{12\times8\times248}{15\times152} = 12 + \frac{4}{165}$.

125. **12** ouvriers travaillant **8** heures par jour ont mis **30** jours pour faire **6000** mètres d'ouvrage : quel temps faudrait-il à **18** ouvriers travaillant **6** heures par jour pour faire **8000** mètres de pareil ouvrage?

PREMIÈRE QUESTION.

12 ouvriers ont mis **30** jours pour faire un certain ouvrage, travaillant pendant un certain nombre d'heures par jour, quel temps faudrait-il à **18** ouvriers travaillant pendant le même nombre d'heures, pour faire le même ouvrage?
12 : **18** :: x : **30** $= \frac{30\times12}{18}$.

SECONDE QUESTION.

En travaillant **8** heures par jour on a mis $\frac{30\times12}{18}$ jours pour faire un certain ouvrage : quel temps faudrait-il en travaillant **6** heures par jour pour faire le même ouvrage?

6 : **8** :: $\frac{30\times12}{18}$: $x = \frac{30\times12\times8}{18\times6}$.

TROISIÈME QUESTION.

Pour faire **6000** mètres d'ouvrage, on a mis $\frac{30\times12\times8}{18\times6}$ jours : quel temps faudrait-il pour faire **8000** mètres de pareil ouvrage?
6000 : **8000** :: $\frac{30\times12\times8}{18\times6}$: $x = \frac{30\times12\times8\times8000}{18\times6\times6000} =$ **35** $+ \frac{5}{9}$.

226. On peut se dispenser d'écrire toutes les questions que renferme la première; il suffit d'établir de suite les proportions qui en résultent.

Soit par exemple cette question : 15 ouvriers travaillant 8 heures par jour, ont mis 64 jours pour creuser un fossé dont les dimensions sont 260 mètres de longueur, 12 mètres de largeur, et 4 mètres de profondeur : quel temps faudrait-il à 45 ouvriers travaillant 10 heures par jour, pour creuser un fossé dont les dimensions seraient de 340 mètres de longueur, 18 de largeur, et 3 de profondeur ? On a les proportions

1° $15 : 45 :: x : 64 = \frac{64 \times 15}{45}$.

2° $8 : 10 :: x : \frac{64 \times 15}{45} = \frac{64 \times 15 \times 8}{45 \times 10}$.

3° $260 \times 12 \times 4 : 340 \times 18 \times 3 :: \frac{64 \times 15 \times 8}{45 \times 10} : x = \frac{64 \times 15 \times 8 \times 340 \times 18 \times 3}{45 \times 10 \times 260 \times 12 \times 4} = 25 + \frac{7}{65}$.

227. Ce qu'on vient de dire suffit pour faire voir comment on doit résoudre une question de règle de trois, quel que soit le nombre de termes qu'elle renferme. Une question de cette espèce donne autant de proportions, moins une, qu'elle renferme de choses différentes.

En effet : la question n° 214 renferme deux espèces de choses, savoir : des mètres de longueur et des francs ; elle se résout par une proportion.

La question n° 224 renferme trois espèces de choses, savoir : des ouvriers, des jours et des mètres ; elle se résout par deux proportions.

Enfin, la question n° 224 renferme quatre espèces de choses, savoir : des ouvriers, des heures, des jours et des mètres ; elle se résout par trois proportions.

OPÉRATION D'INTÉRÊT.

228. Cette opération a pour but de déterminer le profit que rapporte une certaine somme prêtée pendant un certain temps, à raison d'un certain bénéfice pour cent. On a prêté une somme quelconque, à condition d'en retirer cinq francs de profit par an, pour chaque cent francs qu'elle renferme : cela donne lieu à une opération d'intérêt.

La somme prêtée est appelée *capital*, et le profit qu'on en retire s'appelle *intérêt*.

Cette question se résout par une proportion, en suivant cette formule : Le plus petit capital est au plus grand capital, comme le plus petit intérêt est au plus grand intérêt.

Il suit du nº **215**, que trois de ces quatre choses étant connues, on peut toujours connaître la quatrième. Par exemple, si l'on voulait connaître un capital dont l'intérêt fût connu, ainsi que le taux auquel il a été placé, il suffirait de suivre cette formule : ***Le plus petit intérêt est au plus grand intérêt, comme le plus petit capital est au plus grand capital.***

EXEMPLES :

229. Quel est l'intérêt de **1200** francs placés à cinq pour cent par an ?

100 : **1200** :: **5** : x = **60** francs.

Le plus petit capital **100** est au plus grand capital **1200**, comme le plus petit intérêt **5** est au plus grand intérêt x.

230. **1200** francs, placés à intérêt, ont rapporté **60** francs pour un an : à combien pour cent cette somme était-elle placée?

100 : **1200** :: x : **60** = **5** francs.

Le plus petit capital **100** est au plus grand capital **1200**, comme le plus petit intérêt x est au plus grand intérêt **60**.

231. Une somme placée à **5** pour cent par an a rapporté **60** francs : quelle est cette somme ?

5 : **60** :: **100** : x = **1200.**

Le plus petit intérêt **5** est au plus grand intérêt **60**, comme le plus petit capital **100** est au plus grand capital x.

232. Une somme de **1800** francs est placée à **6** pour cent par an : on demande ce qu'elle rapportera au bout de **7** ans.

SOLUTION. On cherchera d'abord l'intérêt d'un an par cette proportion **100** : **1800** :: **6** : $x = \frac{1800 \times 6}{100}$; on multipliera cet intérêt par **7** et l'on aura $\frac{1800 \times 6 \times 7}{100}$ = **756**, pour l'intérêt de **7** ans.

On peut aussi résoudre cette question, en employant ce raisonnement : placer une somme pendant **7** ans à **6** pour cent d'intérêt par an, c'est retirer le même bénéfice que si l'on plaçait la même somme à **42** pour cent par an pendant un an; de sorte qu'on a la proportion **100** : **1800** :: **42** : $x = \frac{1800 \times 42}{100} = 756$.

233. Ayant prêté pendant **7** ans une certaine somme à **6** pour **100** par an, on a obtenu **756** francs d'intérêt : quelle était cette somme ?

SOLUTION. La question s'énoncera ainsi : quelle est la somme qui, étant placée à **42** pour **100**, rapporte **756** francs, on aura **42** : **756** :: **100** : $x = \frac{756 \times 100}{42} = 1800$.

234. On demande l'intérêt de **5680** francs pour **87** jours, à raison de **6** pour cent par an ?

SOLUTION. L'intérêt de cette somme pendant un an s'obtient par cette proportion :

100 : **5680** :: **6** : $x = \frac{5680 \times 6}{100}$; et en divisant cet intérêt d'une année par **360** (*), on obtient $\frac{5680 \times 6}{100 \times 360}$ pour l'intérêt d'un jour; en multipliant enfin l'intérêt d'un jour par **87**, on a $\frac{5680 \times 6 \times 87}{100 \times 360}$, pour l'intérêt de **87** jours.

Si l'on supprime le **6** du numérateur et que l'on divise par **6** le nombre **360** du dénominateur, on aura alors $\frac{5680 \times 87}{100 \times 60}$ ou $\frac{5680 \times 87}{6000}$. D'où l'on voit que pour avoir l'intérêt d'une certaine

(*) Dans le commerce, l'année est de 360 jours, et les mois sont tous de 30 jours.

somme, pour un nombre quelconque de jours, à 6 pour 100 par an, il faut multiplier la somme donnée par le nombre de jours et diviser le produit par 6000.

235. Soit une somme de 4800 francs placés à cinq pour cent par an : on demande quel sera le capital au bout de 4 ans, si on l'augmente chaque année de son intérêt ?

SOLUTION. L'intérêt de la première année se calculera par cette proportion : 100 : 4800 :: 5 : x = 240.

On ajoutera l'intérêt 240 de la première année au capital 4800, ce qui donnera 5040 francs, et l'on établira la seconde proportion

100 : 5040 :: 5 : x = 252.

L'intérêt de la seconde année joint au capital 5040 donne 5292 pour le capital de la troisième année.

On aura l'intérêt de cette troisième année par cette proportion 100 : 5292 :: 5 : x = 264,60.

Joignons cet intérêt au capital 5292, nous trouverons 5556 fr. 60 cent. pour le capital de la quatrième année dont l'intérêt sera le quatrième terme de cette proportion 100 : 5556,60 :: 5 : x = 277,83. Joignons ce dernier intérêt au capital 5556,60, nous aurons 5834 fr. 43 cent. pour le nombre demandé (*).

(*) Cette question sera discutée dans la seconde partie de ce traité.

OPÉRATIONS D'ESCOMPTE.

236. L'escompte est une retenue que le prêteur fait sur une somme d'argent prêtée pour un temps déterminé ; ou une remise que l'on fait à celui qui rembourse avant l'époque du paiement.

Si l'intérêt est laissé à la somme que l'on prête, l'escompte est dit en dedans.

Si l'intérêt est retiré de la somme que l'on prête, l'escompte est dit en dehors.

ESCOMPTE EN DEDANS.

237. Un militaire ayant besoin d'une somme de **300** francs pour un mois, se présente chez un banquier qui lui en fait l'avance moyennant **60** centimes d'intérêt pour cent pour le temps demandé. On demande quel sera le remboursement de cette somme ?

SOLUTION. On trouvera d'abord l'intérêt d'un mois par cette proportion : $100 : 300 :: 0,60 : x = 1,80$.

Joignant cet intérêt à **300** francs, on trouvera **301** fr. **80** cent. Donc le débiteur devra faire au banquier un billet de **301** francs **80** centimes payable dans un mois.

On pourrait trouver par une seule opération le capital et son intérêt : Voici la proportion que l'on doit établir : $100 : 300 :: 100,60 : x = 301,80$.

Cette proportion est fondée sur ce principe :

le plus petit capital est au plus grand capital, comme le plus petit capital plus son intérêt est au plus grand capital plus son intérêt; ce qui revient à *un antécédent est à son conséquent, comme la somme des antécédens est à la somme des conséquens* (**209**).

En effet, la proportion **100** : **300** :: **0,60** : x, par laquelle on trouve l'intérêt de **300** francs, devient **100** : **300** :: **100** + **0,60** : **300** + x : ou **100** : **300** :: **100,60** : **300** + x. Donc en multipliant **100,60** par **300** et divisant le produit par **100**, on doit trouver le plus grand capital, plus son intérêt.

238. Une personne ayant contracté un billet de **301** francs **80** cent. payable dans un mois, voudrait l'acquitter sur-le-champ, moyennant une remise qui lui serait faite de **60** centimes pour cent. On demande ce qu'elle doit payer ?

SOLUTION. Il est clair que cette question est l'inverse de la précédente, puisqu'il s'agit de trouver un capital dégagé de son intérêt. On est conduit à la proportion **100,60** : **301,80** :: **100** : x = **300**.

C'est-à-dire, *le plus petit capital plus son intérêt est au plus grand capital plus son intérêt, comme le plus petit capital est au plus grand capital :* ou *la somme des antécédens est à la somme des conséquens, comme un antécédent est à son conséquent.*

239. Un marchand a vendu pour 4650 francs de marchandises à un an de crédit; mais il propose à l'acheteur de lui faire une remise de 6 pour cent, s'il veut payer comptant : quelle serait la somme à payer?

SOLUTION. On suppose ici, que le vendeur, en donnant un an de crédit a augmenté la somme de 6 pour cent, pour se dédommager; et c'est cette augmentation qu'il propose de diminuer, si l'on paie comptant.

La proportion 106 : 4650 :: 6 : $x = 263^{f},20$ donne l'escompte en dedans de 4650; et si l'on retranche 263,20 de 4650, il restera 4386 ,80 pour la somme à payer comptant.

On peut trouver ce même résultat par la proportion 106 : 4650 :: 100 : $x = 4386^{f},79^{c}$.

240. Une personne fait un billet de 4650 fr., payable dans un an; mais au bout de 8 mois, elle désire rembourser cette somme, à condition qu'on lui diminuera les intérêts de quatre mois, compris dans le billet, lesquels sont de 6 $\frac{1}{2}$ pour cent : quelle somme doit-elle payer?

SOLUTION. La proportion $\frac{213}{2}$: 4650 :: 100 : x, donne $4366^{f},20^{c}$ pour le capital dégagé de son intérêt. Otons cette somme de 4650, il restera $283^{f},80$ pour l'intérêt d'un an; puis la proportion 4 : 12 :: x : 283,80, donne $94^{f},60^{c}$ pour l'intérêt de quatre mois, quantité que l'on doit retrancher de 4650, ce qui donne $4555^{f},40$ pour la somme à payer.

ESCOMPTE EN DEHORS.

241. On demande de trouver l'escompte en dehors d'une somme de **3000** francs à raison de **6** pour cent?

SOLUTION. **100 : 3000 :: 6** : $x =$ **180.**

Si l'on retranche **180** de **3000**, il restera **2820** francs, et c'est la somme que le prêteur accorde pour un billet de **3000** francs payable dans un an.

On peut trouver par une seule opération la somme que le prêteur donne pour le billet de **3000** francs, en établissant cette proportion : **100 : 3000 : 94** : $x =$ **2820** francs.

C'est-à-dire, le plus petit capital est au plus grand capital, comme le plus petit capital moins l'intérêt est au plus grand capital moins son intérêt.

242. Une personne reçoit d'un usurier une somme de **2820** francs, à **6** du cent par an, escompte en dehors; on demande quel billet elle doit faire, payable dans un an?

SOLUTION. **94 : 2820 :: 100** : $x =$ **3000** francs.

Le plus petit capital moins son intérêt est au plus grand capital moins son intérêt, comme le plus petit capital est au plus grand capital.

OPÉRATION DE SOCIÉTÉ.

243. C'est une opération par laquelle on partage entre plusieurs associés le gain ou la perte qui résulte de leurs entreprises.

Cette opération est simple ou composée : elle est simple, lorsque les associés conviennent de n'augmenter ni diminuer leurs mises tant que la société subsiste; elle est composée, lorsqu'au bout d'un temps quelconque, il leur est permis d'ajouter, d'ôter à leurs mises, ou de se retirer de la société.

OPÉRATIONS SIMPLES.

244. Le gain ou la perte qui résulte des entreprises d'une association, se répartit entre les associés à raison de leurs mises; c'est-à-dire que celui qui est dans la société pour une plus grande somme, doit avoir une plus grande part de gain ou de perte.

En effet, si chaque sociétaire fait la même mise, le gain ou la perte se partagera entr'eux en parties égales; mais si la société, supposée de trois personnes, se formait de manière que la première en fût pour la moitié, la seconde pour le tiers et la troisième pour le sixième; il est clair que la première aurait droit à la moitié, la seconde au tiers, et la troisième au sixième du gain, ou la première entrerait pour la moitié, la seconde pour le tiers et la troisième pour le sixième dans la perte : donc chaque sociétaire doit avoir, dans le gain ou dans la perte, une part proportionnée à ce qu'il a dans la mise totale.

Il résulte de là que la mise totale se compose avec la mise particulière, comme le gain total ou la perte totale se compose avec le gain particulier ou la perte particulière, ce qui donne cette formule : *La mise totale est à la mise particulière comme le gain total ou la perte totale, est au gain particulier ou à la perte particulière.*

APPLICATION.

245. Trois marchands font société : le premier met **12000** francs, le deuxième **18000** fr., et le troisième **24000** francs ; ils se séparent et veulent partager entr'eux le bénéfice qui résulte de leurs entreprises, lequel est de **32000** francs. On demande combien chacun doit avoir pour sa part ?

SOLUTION. Pour résoudre cette question et toute autre semblable, il faut établir autant de proportions qu'il y a d'associés, en plaçant pour premier terme de chaque proportion, la mise totale ; pour deuxième terme la mise particulière de celui pour lequel on fait la proportion ; pour troisième terme le gain total ou la perte totale. L'on trouve pour quatrième terme le gain particulier ou la perte particulière.

OPÉRATIONS.

$$54000:12000::32000:x=\frac{32000\times12000}{54000}=7111\tfrac{1}{9}$$

$$54000:18000::32000:x=\frac{32000\times18000}{54000}=10666\tfrac{6}{9}$$

$$54000:24000::32000:x=\frac{32000\times24000}{54000}=14222\tfrac{2}{9}$$

246. Deux personnes ayant fait société et n'ayant point réussi, se retirent. La perte qui résulte de leurs entreprises est de **12000** francs : on demande combien chacune doit supporter de la perte, sachant que la mise de la première est de **8000** francs, et celle de la seconde **10000**.

OPÉRATIONS.

$18000 : 8000 :: 12000 : x = \frac{12000 \times 8000}{18000} = 5333\frac{1}{3}$

$18000 : 10000 :: 12000 : x = \frac{12000 \times 10000}{18000} = 6666\frac{2}{3}$

247. Les gains particuliers de trois associés sont **1200** francs, **1500** francs, et **1800** fr. : la mise totale est de **3600** francs : quelles sont les mises particulières.

SOLUTION. Ici l'on doit suivre cette règle : Le gain total est au gain particulier, comme la mise totale est à la mise particulière.

OPÉRATIONS.

$4500 : 1200 :: 3600 : x = \frac{3600 \times 1200}{4500} = 960$

$4500 : 1500 :: 3600 : x = \frac{3600 \times 1500}{4500} = 1200$

$4500 : 1800 :: 3600 : x = \frac{3600 \times 1800}{4500} = 1440$

REMARQUE.

248. Je reprends les opérations de la question n° **245**, et je divise par **1000** les deux termes du premier rapport de chaque proportion, ce qui donne :

$54 : 12 :: 32000 : x$

$54 : 18 :: 32000 : x$

$54 : 24 :: 32000 : x$

D'où l'on voit que **54** est la somme des mises **12**, **18** et **24**, et que ces nombres **12**, **18** et **24** sont entr'eux comme les nombres **12000**, **18000** et **24000**.

Je divise par **6** les deux termes du premier rapport de chaque nouvelle proportion, j'ai :

$9 : 2 :: 32000 : x$
$9 : 3 :: 32000 : x$
$9 : 4 :: 32000 : x$

Où l'on peut remarquer que **9** est encore la somme des mises **2**, **3**, **4** et que ces nombres sont entr'eux comme les nombres **12**, **18** et **24**.

Il suit de là qu'on peut prendre pour mises particulières des nombres à volonté, pourvu que ces nombres soient entr'eux dans le rapport qu'exige la question.

D'après ces remarques, la question aurait pu être énoncée ainsi : partager **32000** francs en trois parties, telles que la première soit à la seconde :: **2** : **3**, et que la seconde soit à la troisième :: **3** : **4**.

SOLUTION. Soit **7** la première partie, la seconde se trouvera par cette proportion $2 : 3 :: 7 : x = \frac{7 \times 3}{2} = 10\frac{1}{2}$.

La seconde étant $10\frac{1}{2}$, on trouvera la troisième par cette proportion $3 : 4 :: \frac{21}{2} : x = \frac{21 \times 4}{2 \times 3} = 14$.

Ainsi, les nombres proportionnels aux trois parties demandées, sont **7**, $10\frac{1}{2}$ et **14**, dont la somme est $31\frac{1}{2} = \frac{63}{2}$.

OPÉRATIONS.

$\frac{63}{2} : \frac{14}{2} :: 32000 : x$ ou $63 : 14 :: 32000 : x = 7111\frac{1}{9}$
$\frac{63}{2} : \frac{21}{2} :: 32000 : x$ ou $63 : 21 :: 32000 : x = 10666\frac{6}{9}$
$\frac{63}{2} : \frac{28}{2} :: 32000 : x$ ou $63 : 28 :: 32000 : x = 14222\frac{2}{9}$

249. Partager **164** en trois parties, telles que la première soit à la seconde :: **2** : **3**, et que la seconde soit à la troisième :: **7** : **5**.

SOLUTION. En prenant 1 pour la première partie, la proportion $2 : 3 :: 1 : x = \frac{3}{2}$, donne la seconde, et la proportion $7 : 5 :: \frac{3}{2} : x = \frac{15}{14}$, donne la troisième.

On a donc $1, \frac{3}{2}, \frac{15}{14}$ pour les trois parties proportionnelles aux nombres demandés.

OPÉRATIONS.

$\frac{50}{14} : \frac{14}{14} :: 164 : x$ ou $50 : 14 :: 164 : x = 45 \frac{23}{25}$
$\frac{50}{14} : \frac{21}{14} :: 164 : x$ ou $50 : 21 :: 164 : x = 68 \frac{22}{25}$
$\frac{50}{14} : \frac{15}{14} :: 164 : x$ ou $50 : 15 :: 164 : x = 49 \frac{5}{25}$

250. Deux personnes possèdent ensemble 13830 francs ; l'une est deux fois plus riche que l'autre : quelle est la fortune de chacune ?

SOLUTION. Les fortunes étant entr'elles comme $1 : 2$, on établira les deux proportions

$$3 : 1 :: 13830 : x = 4610.$$
$$3 : 2 :: 13830 : x = 9220.$$

251. Dans une société composée de 54 personnes, il y a deux fois plus de femmes que d'enfants, et trois fois plus d'hommes que de femmes. On demande combien il y a d'hommes, de femmes et d'enfants ?

SOLUTION. Soit 1 les enfants, les femmes seront 2 et les hommes 6, et on aura les proportions $9 : 1 :: 54 : x = 6,$

(*) La preuve de cette opération doit se faire en ajoutant tous les gains particuliers ou toutes les pertes particulières, et l'on doit retrouver le gain total ou la perte totale.

$$9 : 2 :: 54 : x = 12,$$
$$9 : 6 :: 54 : x = 36.$$

OPÉRATIONS COMPOSÉES.

252. Trois marchands se sont associés pour un an ; le premier a mis **12000** francs et a retiré cette somme cinq mois après ; le second a mis **15000** francs qu'il a retirés huit mois après ; le troisième a mis **18000** francs, et n'a retiré cette somme qu'au bout de l'année ; ils ont gagné **10000** francs. On demande quel est le gain de chacun, proportionnellement à sa mise et au temps que sa mise est restée dans la société.

SOLUTION. Le premier, ayant mis **12000** fr. pour cinq mois, retirera le même bénéfice que s'il avait placé cinq fois la même somme pour un mois. Le second, ayant placé **15000** francs pour huit mois, retirera autant que s'il avait placé huit fois cette somme pour un mois. Enfin, le troisième, ayant placé **18000** francs pour douze mois, retirera autant que s'il avait placé douze fois cette somme pour un mois : donc la question peut s'énoncer ainsi : trois marchands ont fait société; le premier a mis **60000** francs, le second **120000** francs, et le troisième **216000**; ils ont gagné **10000** francs : quel est le gain de chacun ?

OPÉRATIONS.

$$33 : 5 :: 10000 : x = 1515\tfrac{5}{33}$$
$$33 : 10 :: 10000 : x = 3030\tfrac{10}{33}$$
$$33 : 18 :: 10000 : x = 5454\tfrac{18}{33}$$

On voit que pour rendre simple une opération de compagnie composée, il faut multiplier chaque mise par le temps qu'elle a été dans la société, et considérer les produits comme mises particulières.

253. Quatre marchands font société pour un an : le premier met **1200** francs, et huit mois après il retire **400** francs ; le deuxième met **1500** francs, et six mois après il retire **700** francs ; le troisième met **800** francs, et quatre mois après il remet **400** francs ; le quatrième met **1000** fr., et quitte la société au bout de **7** mois. Ils ont gagné **4000** francs. Quel est le gain de chacun ?

SOLUTION. On trouvera que,

Le premier a placé **1200** francs pour huit mois, puis **800** francs pour quatre mois.

Le deuxième a placé **1500** francs pour six mois, et **800** francs pour six mois.

Le troisième a placé **800** francs pour quatre mois, et **1200** francs pour huit mois.

Le quatrième a placé **1000** francs pour sept mois. Cela donne lieu aux opérations suivantes :

$$\left.\begin{array}{r} 1200 \times 8 = 9600 \\ 800 \times 4 = 3200 \end{array}\right\} = 12800, \text{ mise du premier.}$$

$$\left.\begin{array}{r} 1500 \times 6 = 9000 \\ 800 \times 6 = 4800 \end{array}\right\} = 13800, \text{ mise du deuxième.}$$

$$\left.\begin{array}{r} 800 \times 4 = 3200 \\ 1200 \times 8 = 9600 \end{array}\right\} = 12800, \text{ mise du troisième.}$$

$$1000 \times 7 = 7000 \quad = 7000, \text{ mise du quatrième.}$$

46400, mise totale.

Proportions.

$464 : 128 :: 4000 : x = 1103 \frac{104}{232}.$
$464 : 138 :: 4000 : x = 1189 \frac{152}{232}.$
$464 : 128 :: 4000 : x = 1103 \frac{104}{232}.$
$464 : 70 :: 4000 : x = 603 \frac{104}{232}.$

254. On propose de répartir une gratification de **720** francs entre trois employés, à proportion de leurs appointemens et de leurs années de service. On suppose que le 1er ait **1500** francs de traitement et **12** ans de service; le 2e **1800** francs de traitement et **15** ans de service; le 3e **2000** francs de traitement et **18** ans de service. On demande quelle sera la part de chacun ?

SOLUTION. On multipliera les appointemens par le tems du service, ce qui donnera les opérations suivantes :

$$\left.\begin{array}{l} 1500 \times 12 = 18000 \\ 1800 \times 15 = 27000 \\ 2000 \times 18 = 36000 \end{array}\right\} 81000.$$

PROPORTIONS.

$81 : 18 :: 720 : x = 160.$
$81 : 27 :: 720 : x = 240.$
$81 : 36 :: 720 : x = 320.$

255. On propose de répartir la même somme de **720** francs entre trois employés, en raison directe de leurs années de service et en raison inverse de leurs appointemens ; les années de service et les appointemens étant les mêmes que dans la question précédente.

SOLUTION. Il est évident que chaque employé

doit avoir une part d'autant plus forte, qu'il a travaillé plus d'années, et d'autant moins forte qu'il a plus d'appointemens. Or, si les appointemens étaient les mêmes, il suffirait de partager la somme en question proportionnellement aux nombres **12**, **15** et **18**; mais les parts doivent diminuer en raison des sommes **1500**, **1800**, **2000** ou en raison des nombres **15**, **18**, **20**. Donc la question se réduit à partager **720** en parties proportionnelles aux nombres $\frac{12}{15}$, $\frac{15}{18}$, $\frac{18}{20}$, ou $\frac{4}{5}$, $\frac{5}{6}$, $\frac{9}{10}$ ou enfin $\frac{24}{30}$, $\frac{25}{30}$, $\frac{27}{30}$.

PROPORTIONS.

76 : 24 :: 720 : x = 227,37.
76 : 25 :: 720 : x = 236,84.
76 : 27 :: 720 : x = 255,79.

OPÉRATION PAR SUPPOSITION.

256. Cette opération sert à trouver un nombre inconnu par le moyen d'un nombre supposé (*).

257. Soit proposé, par exemple, de trouver un nombre dont la moitié, le tiers et le quart fassent **52**.

SOLUTION. On prendra pour terme de comparaison un terme dont on puisse avoir facilement la demie, le tiers et le quart, tel que **12**, dont les parties sont **6**, **4** et **3**, on en fera la somme qui sera **13**, et on établira la proportion **13 : 52 :: 12 : x = 48** (**212**).

(*) Il y a aussi une opération appelée règle de fausse position double. Nous en parlerons dans la seconde partie.

48 est donc le nombre demandé; puisque sa moitié est **24**, son tiers est **16** et son quart **12**, et que la somme de ces trois nombres est **52**.

258. Un général a deux réserves ; l'une de la huitième partie de son armée, et l'autre de la douzième partie ; il fait un détachement du tiers de l'armée totale, qu'il fait précéder d'un corps de **3000** hommes, et se trouve après cela réduit à **30,000** hommes : on demande le nombre total des hommes de son armée.

SOLUTION. Soit **24** cette armée ; le huitième de **24** est **3**, le douzième est **2**, et le tiers est **8** ; dont, la somme est **13**. J'ôte **13** de **24** et j'ai **11** pour reste, lequel représente la différence qu'il y a entre l'armée supposée et la somme qui résulte du $\frac{1}{8}$, du $\frac{1}{12}$, du $\frac{1}{3}$ de cette armée ; mais observons que **30000** $+$ **3000** ou **33000** hommes est la différence qu'il y a entre l'armée réelle et la somme qui résulte du $\frac{1}{8}$, du $\frac{1}{12}$ du $\frac{1}{3}$ de cette armée : donc **11** et **33000** sont entre eux comme l'armée supposée est à l'armée réelle, et l'on a cette proportion **11** : **33000** :: **24** : $x =$ **72000** hommes.

259. Combien faudrait-il de tems pour remplir un bassin, en ouvrant à la fois trois robinets dont le premier seul le remplirait en deux heures, le second en trois heures et le troisième en quatre heures ?

SOLUTION. Le premier robinet remplissant

le bassin en deux heures, n'en remplira que la moitié pendant une heure ; le second n'en remplira que le tiers dans le même tems, et le troisième le quart : donc les trois robinets coulant ensemble, rempliront en une heure les $\frac{13}{12}$ du bassin.

Etablissons maintenant cette question : en une heure, trois robinets remplissent les $\frac{13}{12}$ d'un bassin : quel tems leur faudra-t-il pour ne remplir que le bassin ?

Il résulte la proportion $1 : \frac{13}{12} :: x : 1$; c'est-à-dire, le bassin est aux $\frac{13}{12}$ du bassin, comme x, nombre d'heures qu'il faudra pour remplir le bassin, est à une heure, tems qu'il faut pour remplir les $\frac{13}{12}$ du même bassin. Le quatrième terme de cette proportion est $\frac{12}{13}$: donc, $\frac{12}{13}$ d'heure ou 55 minutes $\frac{5}{13}$ est le nombre demandé.

260. Combien faudrait-il de tems pour remplir un fossé, en ouvrant tout à la fois trois écluses, dont la première le remplirait en $\frac{2}{3}$ d'heure, la seconde en $\frac{3}{4}$ et la troisième en $\frac{5}{6}$ d'heure ?

SOLUTION. La première écluse, qui remplit le fossé en $\frac{2}{3}$ d'heure, n'en remplira que la moitié en $\frac{1}{3}$ d'heure, et en $\frac{3}{3}$ d'heure ou en une heure, elle en remplira les $\frac{3}{2}$.

Par la même raison, la deuxième écluse, qui remplit le fossé en $\frac{3}{4}$ d'heure, en remplira le tiers en un quart d'heure, et elle remplira par conséquent les $\frac{4}{3}$ du fossé en quatre quarts d'heure ou en une heure.

Enfin, la troisième écluse, remplissant le fossé en $\frac{6}{5}$ d'heure, n'en remplira que le cinquième en un sixième d'heure : donc, en $\frac{6}{6}$ d'heure ou en une heure, elle remplira les $\frac{6}{5}$. Donc les trois écluses coulant ensemble, rempliront les $\frac{121}{50}$ du fossé en une heure.

Voyons maintenant quel tems il leur faut pour ne remplir que le fossé.

Disons : en une heure trois écluses ont rempli les $\frac{121}{50}$ du fossé : quel tems leur faut-il pour ne remplir que le fossé ?

$$1 : \frac{121}{50} :: x : 1 = \frac{50}{121}.$$

261. Quel tems faudrait-il pour remplir un bassin, en ouvrant tout à la fois deux tuyaux, dont le premier le remplirait en 2 heures $\frac{3}{4}$, et le second en 3 heures $\frac{1}{2}$.

SOLUTION. Le premier tuyau, qui remplit le bassin en $\frac{11}{4}$ n'en remplira que le onzième en un quart d'heure, et par conséquent les $\frac{4}{11}$ en une heure.

Le second tuyau, remplissant le bassin en $\frac{7}{2}$ heure n'en remplira que le septième en une demi-heure, et par conséquent les $\frac{2}{7}$ en une heure.

Ainsi, pendant une heure, les deux tuyaux coulant ensemble, rempliront les $\frac{50}{77}$ du bassin.

D'où il résulte la question suivante :

En une heure les deux tuyaux coulant ensemble ont rempli les $\frac{50}{77}$ d'un bassin : quel tems faudrait-il pour remplir le bassin ?

$$\frac{50}{77} : 1 :: 1 : x = 1 + \frac{27}{50}.$$

262. Un bassin serait remplit en douze heures par deux tuyaux qu'on ouvrirait en même tems; il le serait en vingt heures par un seul de ces tuyaux : on demande le tems que le second emploierait à le remplir.

SOLUTION. Les deux tuyaux coulant ensemble mettent douze heures pour remplir le bassin : donc, en une heure, ils ne rempliront que le douzième de ce bassin; et le tuyau qui seul remplit le bassin en vingt heures, n'en remplira que le vingtième en une heure.

D'où il résulte que la différence entre $\frac{1}{12}$ et $\frac{1}{20}$ qui est $\frac{1}{30}$, est ce que le second tuyau remplit du bassin en une heure.

Posons maintenant cette question : en une heure un tuyau peut remplir $\frac{1}{30}$ d'un bassin : quel tems lui faudra-t-il pour remplir le bassin ?

$$\frac{1}{30} : 1 :: 1 : x = 30 \text{ heures (*)}.$$

Equidifférence.

263. On appelle *équidifférence*, quatre nombres disposés de manière que la différence des deux premiers est égale à la différence des deux seconds.

(*) Si l'on voulait ne point employer la proportion, on parviendrait au même résultat en raisonnant ainsi : puisqu'il faut une heure pour remplir un trentième du bassin, il faudra nécessairement 30 fois plus de tems pour remplir les $\frac{30}{30}$ du bassin, ou le bassin entier : donc le nombre demandé est 30 heures.

Les nombres 6, 9, 8 et 11, aussi bien que les nombres 8, 6, 5, 3 sont équidifférens entre eux, ou forment une équidifférence.

264. Dans toute équidifférence, le signe de soustraction se remplace par un point, et le signe d'égalité par deux points : Ainsi, au lieu d'écrire 9 — 6 = 11 — 8, on écrit 6 . 9 : 8 . 11, que l'on prononce 6 est à 9 comme 8 est à 11, c'est-à-dire 6 diffère de 9 autant que 8 diffère de 11.

265. On appelle *équidifférence continue* celle dont les deux termes moyens sont égaux, et on l'indique de cette manière ÷ 6 . 9. 12.

Le signe ÷, qu'on place avant le premier terme de cette équidifférence, indique qu'elle est continue.

Il n'y a que trois termes dans une équidifférence continue ; il n'y a qu'un seul terme moyen qu'on appelle moyen équidifférent.

PROPRIÉTÉS DES ÉQUIDIFFÉRENCES.

266. La somme des moyens est égale à la somme des extrêmes.

DEMONSTRATION. — Soit l'équidifférence 8 . 12 : 10. On peut la représenter par 8 . 8 + 4 : 6 . 6 + 4, où l'on aperçoit que la somme des moyens renferme les mêmes chiffres que la somme des extrêmes, puisqu'on a 8 + 6 + 4 d'une part et 8 + 4 + 6 de l'autre : donc, la somme des moyens est égale à la somme des extrêmes.

267. Réciproquement, si quatre nombres sont considérés de manière que la somme des moyens soit égale à la somme des extrêmes, ces quatre nombres sont équidifférens entre eux.

DEMONSTRATION. Soit $8 + 10 = 12 + 6$, je dis qu'on aura $8 . 12 : 6 . 10$. En effet, l'égalité $8 + 10 = 12 + 6$ devient, en ôtant 10 de part et d'autre, $8 + 10 - 10 = 12 + 6 - 10$, ou $8 = 12 + 6 - 10$; celle-ci, en ôtant 12 de part et d'autre, devient $8 - 12 = 12 + 6 - 10 - 12$ ou $8 - 12 = 6 - 10$; enfin, cette dernière égalité donne $8 . 12 : 6 . 10$.

268. De ce que la somme des moyens est égale à la somme des extrêmes, il résulte que l'on peut changer l'ordre des termes d'une équidifférence, pourvu que celui qu'on établit soit tel que la somme des moyens demeure égale à la somme des extrêmes.

L'équidifférence $7 . 9 : 12 . 14$ peut se présenter de huit maniéres différentes.

$$7 . 9 : 12 . 14$$
$$7 . 12 : 9 . 14$$
$$12 . 7 : 14 . 9$$
$$12 . 14 : 7 . 9$$
$$14 . 12 : 9 . 7$$
$$14 . 9 : 12 . 7$$
$$9 . 14 : 7 . 12$$
$$9 . 7 : 14 . 12$$

269. Il résulte encore que, si, aux deux premiers ou aux deux seconds termes d'une équidifférence, on ajoute ou l'on soustrait un nombre

quelconque, l'équidifférence ne sera nullement troublée; car, supposons qu'on ajoute 4 au premier terme et 4 au second terme d'une équidifférence, c'est comme si l'on ajoutait 4 à la somme des moyens et 4 à la somme des extrêmes, ce qui ne peut troubler ces deux produits : donc, etc.

270. Dans toute équidifférence, on a : 1° La somme des moyens, moins un moyen, est égale à l'autre moyen; 2° La somme des extrêmes, moins un extrême est égale à l'autre extrême.

Mais *somme des moyens et somme des extrêmes* sont des expressions équivalentes : donc, on peut substituer l'une à l'autre dans les phrases ci-dessus; ce qui donne : 1° La somme des moyens, moins un extrême, est égale à l'autre extrême; 2° La somme des extrêmes, moins un moyen, est égale à l'autre moyen.

On voit par ces deux derniers principes comment on peut trouver l'un des quatre termes d'une équidifférence, lorsque les trois autres sont donnés. En effet, si ce terme est un extrême, il faut, de la somme des moyens, ôter l'extrême connu; si c'est un moyen qui est inconnu, il faut, de la somme des extrêmes, ôter le moyen connu.

EXEMPLES.

$12 . 15 : 14 . x = 15 + 14 - 12 = 17$

$12 . 15 : x . 17 = 12 + 17 - 15 = 14$

FIN DE LA PREMIÈRE PARTIE.

www.ingramcontent.com/pod-product-compliance
Ingram Content Group UK Ltd.
Pitfield, Milton Keynes, MK11 3LW, UK
UKHW012036240726
13965UKWH00003B/844